长沙市粮食生产“四高”试验示范建设与实践

——双季稻丰产增效技术探究

长沙市农业技术推广中心
（湖南省农业广播电视学校长沙市分校） 编著

王少希　罗冬生　主编

合肥工業大學出版社

图书在版编目(CIP)数据

长沙市粮食生产"四高"试验示范建设与实践：双季稻丰产增效技术探究/长沙市农业技术推广中心(湖南省农业广播电视学校长沙市分校)编著．--合肥：合肥工业大学出版社，2025．-- ISBN 978-7-5650-7307-6

Ⅰ.S511.4

中国国家版本馆 CIP 数据核字第 2025GY2633 号

长沙市粮食生产"四高"试验示范建设与实践

——双季稻丰产增效技术探究

CHANGSHASHI LIANGSHI SHENGCHAN "SIGAO" SHIYAN SHIFAN JIANSHE YU SHIJIAN

——SHUANGJIDAO FENGCHAN ZENGXIAO JISHU TANJIU

长沙市农业技术推广中心
(湖南省农业广播电视学校长沙市分校) 编著　　责任编辑　许璘琳　毛　羽

出　版	合肥工业大学出版社	版　次	2025年8月第1版
地　址	合肥市屯溪路193号	印　次	2025年8月第1次印刷
邮　编	230009	开　本	787毫米×1092毫米　1/16
电　话	职业教育出版中心:0551-62903120	印　张	12.75
	营销与储运管理中心:0551-62903198	字　数	294千字
网　址	press.hfut.edu.cn	印　刷	安徽联众印刷有限公司
E-mail	hfutpress@163.com	发　行	全国新华书店

ISBN 978-7-5650-7307-6　　定价：68.00元

编　委　会

序　言

粮食，作为人类生存的基本物质保障，始终在国家安全与社会稳定的大局中占据着举足轻重的地位。我国人口众多，粮食安全问题始终是关系国计民生的头等大事，是实现国家长治久安、人民安居乐业的基石。进入新时代，以习近平总书记为核心的党中央将粮食安全置于治国理政的突出位置，高瞻远瞩作出一系列战略部署、出台一系列政策举措，为保障国家粮食安全筑牢了坚实基础。

长沙市作为长江中下游地区的重要中心城市，地貌多样、水系发达、气候宜人，拥有发展粮食生产得天独厚的自然条件，且在杂交水稻育种等领域成就突出、成果斐然，为全球粮食安全贡献着智慧和力量。然而，随着新型工业化和城镇化的快速推进，长沙市也面临着耕地面积减少、粮食需求结构性变化等诸多挑战。在此背景下，长沙市委、市政府积极响应保障国家粮食安全的号召，落实粮食安全党政同责要求，勇挑重担，以创新驱动为引领，开展粮食生产"高标准、高技术、高产量、高品质"的"四高"试验示范，走出一条科技增粮、保粮的创新路径。这无疑是一场具有深远意义的探索与实践。本书正是这一丰富实践的生动记录与智慧结晶。

本书紧密围绕农业现代化发展目标，聚焦粮食生产的关键环节与核心要素，致力于破解粮食生产中的难题，提升粮食综合生产能力。以此为核心，本书全面介绍了粮食生产"四高"试验示范的主要成果和典型经验，系统梳理了高标准农田建设、高技术集成应用、高产量单产提升、高品质产品打造等具体做法，高度总结了"培地扩容、激光平田，因地选种、依茬搭配，机械密植、变量施肥，生防优先、梯级控害"关键技术集成体系。这些成果的取得，离不开长沙市委、市政府的高度重视与科学决策，离不开各级农业农村部门的协同配合与辛勤付出，更离不开广大农业科技工作者的创新钻研与无私奉献。这份成果汇编，不仅是对过去工作的总结与回顾，也将为未来粮食生产提供宝贵的经验借鉴和实践指导。

道虽远，行则将至；事虽难，做则必成。我们深知，粮食安全任重道远，希望长沙市能够以此次成果汇编为新的起点，继续深化科技创新，提升农业发展的现代化水平，推动粮食生产高质量发展，在新时代保障粮食安全的伟大征程中，不断书写新的辉煌篇章。

中国工程院院士，湖南省农业科学院党委书记

目　录

第一章

长沙市粮食生产『四高』试验示范建设综述

悠悠万事，吃饭为大。洪范八政，食为政首。

粮食安全，是国之大者，关乎国计民生。党的十八大以来，以习近平总书记为核心的党中央始终坚持把粮食安全作为治国理政的头等大事，并一脉相承地提出了一系列具有重要意义的粮食安全创新理论。党的二十大报告明确提出：“全方位夯实粮食安全根基，全面落实粮食安全党政同责，牢牢守住十八亿亩耕地红线，逐步把永久基本农田全部建成高标准农田，深入实施种业振兴行动，强化农业科技和装备支撑，健全种粮农民收益保障机制和主产区利益补偿机制，确保中国人的饭碗牢牢端在自己手中。”保障粮食安全是重大国家战略，关系到国家安全、经济发展和社会稳定，是各级政府不可推卸的政治责任。在新时代粮食安全战略的指引下，长沙市委、市政府高度重视粮食生产工作，积极探索科技增粮新路径，创新实践推动大面积提单产行动，形成了颇具影响力的“长沙模式”。

一、时代命题下的长沙抉择

湖南省省会长沙市，是长江中下游地区重要的中心城市，总面积 1.18 万 km^2，全市常住总人口 1051.31 万人（长沙市 2023 年国民经济和社会发展统计公报数据）。长沙市地貌类型多样，地表水系发达，气候温和，四季分明，是中国重要的粮食生产基地，在中国杂交水稻领域扮演着重要角色，其杂交水稻育种等科研成果享誉世界。

近年来，随着新型工业化和城镇化的加速推进，耕地面积在不断缩小。据第三次全国国土调查（以下简称“三调”）统计，长沙市耕地面积为 303.60 万亩，较第二次全国土地调查（以下简称“二调”）时的 417.10 万亩减少了 113.50 万亩；粮食播种面积由“二调”时的 558 万亩减少至“三调”时的 451.80 万亩，减少了 106.20 万亩。城市化进程带来了人口数量的大幅增加和经济的快速发展，人们对生活质量的提高有了更具象的认识，对粮食的需求也有了新的要求。如何解决新时期粮食供需结构性矛盾、满足人们对美好生活的向往？如何响应党中央出台的一系列支持粮食生产的政策举措、交出“确保谷物基本自给、口粮绝对安全”的“长沙答卷”？长沙市立足市情、农情，严格落实粮食安全党政同责，高屋建瓴制定粮食生产三年规划，于 2022—2024 年在全市范围内开展粮食生产“四高”试验示范创建工作，以科技之力探寻粮食增产提质的有效路径。

二、精心布局，构建“四高”发展新蓝图

（一）2022 年：试验探索，初启征程

2022 年是粮食生产“四高”试验示范的开篇之年。根据长沙市委农村工作会议部署和《中共长沙市委 长沙市人民政府关于做好 2022 年“三农”重点工作 加快建设乡村振兴示范市的实施意见》，长沙市农业农村局制定了《2022 年长沙市粮食生产“四高”综合试验示范区工作方案》，明确工作职责，全面开展“四高”试验示范建设工作。经实地

调研，在长沙市长沙县、浏阳市、宁乡市分别选定一个基础条件较好、交通便利、集中连片的农田区域作为综合试验区。综合试验区总面积 1062 亩，分别是长沙县春华镇龙王庙村试验示范区 317 亩、浏阳市北盛镇亚洲湖村试验示范区 515 亩、宁乡市金洲镇箭楼村试验示范区 230 亩。

1. 建设目标

通过示范创建，实现示范区内全程机械化覆盖率、良种推广运用率、病虫害统防统治覆盖率、绿色防控覆盖率均达到 100%，作物单产较对照区高 10%以上，节本增效 10%以上；做强长沙市优质米品牌，提高粮食生产综合效益，形成可复制可推广的长沙市精细化、区域化粮食产业发展新模式，促进农业增效、农民增收。

2. 建设内容和要求

一是提高耕地质量。提质改造示范区高标准农田，开展耕地地力调查和测土配方施肥，推广平衡施肥、秸秆粪肥还田、增施有机肥和节水栽培等实用技术，提高耕地质量和肥水利用效率，使土壤有机质含量提高到 35g/kg。二是推广良种新种。科学选择优良优质早晚稻品种组合，推广高产、优质、高抗的优良品种，每个示范片主推品种 1～2 个，确保优质良种推广应用率达到 100%。三是集成技术模式。加强绿色高产高效实用技术的集成推广，因地制宜推广一批土壤地力提升、品种结构优化、水肥田间管理、全程机械化、防灾减灾等集成配套技术模式。四是推广绿色技术。及时监测病虫害发生动态，提前制定重大病虫害防控预案，科学制定综合防治方案，科学合理指导病虫害防治。充分发挥专业化统防统治服务组织作用，推动长沙市农作物病虫害专业化统防统治和绿色防控全程融合推进技术模式。五是推广机械化生产。按照水稻育、耕、种、管、收、烘 6 个环节，支持农机装备配备，实现全程机械化生产。

（二）2023 年：示范拓展，深化实践

党的二十大报告明确提出，“全方位夯实粮食安全根基”。2023 年中央一号文件提出，确保全国粮食产量保持在 1.3 万亿斤以上，要稳住面积、主攻单产、力争多增产。为深入贯彻党的二十大和中央农村工作会议精神，全面落实粮食安全党政同责，推进粮食产业高质量发展，长沙市 2023 年粮食生产“四高”试验示范将试验模式应用转化为大田模式，示范总面积达 61.3 万亩，主要创新集成以整好田、选好种、育好秧、栽好禾、管好水、施好肥、防好病虫草害、全程机械化与良制、良田、良种、良法、良机、良态，“七好一化、六良配套”的水稻绿色优质丰产高效生产技术模式，辐射带动全市粮食产业高质量发展。

1. 建设目标

在长沙县、望城区、浏阳市、宁乡市共建设 4 个粮食生产“四高”试验示范区，分层次打造千亩核心示范片、万亩综合试验区、十万亩辐射带动区，把千亩核心示范片建成“四高”成果展示的窗口，万亩综合试验区作为“四高”技术推广应用的平台，十万亩辐射带动区逐步打造成现代粮食产业园，力争将粮食生产“四高”试验示范区培育成高标准农田建设示范中心、新品种和新技术集成应用示范中心、工厂化集中育秧中心、农机社会

化服务中心、粮食加工与流通中心、智慧农业与数字乡村应用中心、农旅融合休闲观光中心。

2. 建设内容和要求

千亩核心示范片建设气象监测、病虫害预测预报、土壤墒情监测、自动灌溉、可视农业、种植业生产管理等智慧农业系统，建设1～2个工厂化集中育秧中心，推广农机社会化服务，落实病虫害绿色防控和专业化统防统治，落实科学施肥和化肥减量，开展新品种、新技术试验。万亩综合试验区纳入高标准农田投融资改革建设规划，建设3个以上工厂化集中育秧中心，大力推广秸秆还田、粪肥还田、增施有机肥、种植绿肥（油菜），开展秸秆有序焚烧试验。十万亩辐射带动区结合高标准农田和小农水建设项目完善农田水利等基础设施建设，推广工厂化集中育秧，重点培育1家粮食加工（流通）龙头企业，探索打造长沙“四高”粮食品牌。

（三）2024 年：全面提质，巩固成果

深入贯彻落实党的二十大精神，学习运用“千万工程”经验，全方位夯实粮食安全根基，全面落实粮食安全党政同责，推动粮油作物大面积单产提升。2024年，长沙市粮食生产“四高”试验示范建设进入全面推广和提质阶段，全市推广总面积达119万亩，落实“培地扩容、激光平田，因地选种、依茬搭配，机械密植、变量施肥，生防优先、梯级控害”集成配套关键技术体系，进一步夯实“星城粮仓”。

1. 建设目标

分层次打造千亩核心示范片、万亩综合试验区、十万亩辐射带动区，把千亩核心示范片建成“四高”成果展示的窗口，万亩综合试验区作为“四高”现代粮食产业发展示范园区，十万亩辐射带动区作为推广应用“四高”技术体系粮油作物大面积提升单产的现代化粮食生产基地，整体上将粮食生产“四高”试验示范区培育成高标准农田建设示范中心、新品种和新技术集成应用示范中心、工厂化集中育秧中心、农机社会化服务中心、粮食加工与流通中心、智慧农业与数字乡村应用中心、农旅融合休闲观光中心。

2. 建设内容与要求

学习“千万工程”经验，建设“梦里乡村”，打牢乡村沃土、五谷丰登的产业基础。长沙市构建粮食生产“四高”试验示范区连点成片、扩面升级的整体区域布局。湘江新区因地制宜开展粮食生产“四高”试验示范，长沙县、望城区、浏阳市、宁乡市巩固已建成的春华、沙市、青山铺、高塘岭、回龙铺5个示范区，将新建的果园、洞阳等8个示范区与原有示范区连点成片；重点建设含浦、果园、靖港、洞阳、金洲5个千亩核心示范片。长沙市共建设13个万亩综合试验区。

三、硕果盈枝，铸就粮食生产新引擎

（一）“七好一化、六良配套”技术体系筑牢生产根基

经过2022—2023年的实践，在以中国工程院院士柏连阳领头的院士团队的技术支持和保障下，长沙市粮食生产“四高”试验示范总结创新技术体系，形成了以整好田、选好

种、育好秧、栽好禾、管好水、施好肥、防好害，机械化的“七好一化”和良制、良田、良种、良法、良机、良态的“六良配套”的水稻绿色优质丰产增效生产技术模式，全力确保粮食生产稳面、增产、提质。

1. 整好田

合理规划、适度归并。通过土地平整，实现田块“小丘并大丘”宜机化改造，提升水稻生产机械化水平。在高标准农田建设区，适量施用生石灰和商品有机肥，推广秸秆、粪肥还田及种植绿肥还田，实现土壤改良；因地制宜完善水利、电力、道路等配套设施，完善田间灌排设施、完善田间机耕道路系统，实现农电配套、宜机作业。

2. 选好种

参照农业农村部门发布的主导品种名录，选择适宜本地的丰产优质多抗品种，即已通过国家或所在省审定且本地农户已试种过的表现优良的合法品种；精选稻米品质好且迎合市场需求的品种；重点推广应用杂交稻、优质稻品种。

3. 育好秧

育好秧是获得高产的关键环节和重要基础，也是规模化生产的重要保障。在日平均温度稳定在12℃时播种，秧龄控制在30天以内；育秧期间温度较低的地方应使用薄（地）膜覆盖保温，高温时及时通风，防止烧苗；秧苗二叶期前，采取湿润灌溉，保持沟中有水，二叶期后采用间隙灌溉，水层和露田相结合；秧田期治虫1～2次，主要对象为稻瘟病和蓟马等，移栽前2天喷施一次长效农药，控制大田前期的病虫害。

4. 栽好禾

掌握秧龄期，适龄移栽。早稻在三叶一心、秧龄20～25天时移栽；中、晚稻在三叶一心、秧龄15～20天时移栽。适当密植，确保插足基本苗，保证每亩杂交稻苗1.8万～2.0万蔸、基本苗6.0～8.0万苗，以及常规稻苗2.0万～2.3万蔸，基本苗约10万苗。

5. 管好水

综合运用以水调温、以水调气、以水调肥、以水控苗、以水控草、以水控镉、以水壮籽等水分管理措施，推广科学管水、健身栽培技术。根据当地的气候特点和水利条件，薄水移栽，浅水分蘖，采用勤灌、浅灌和干湿灌溉方式，提升根系活力。

6. 施好肥

根据目标产量、土壤肥力状况、水稻需肥规律、施肥方式等合理确定肥料用量，增施有机肥和种植绿肥还田，改“一炮轰”施肥方式为“分段变量科学施肥”，落实增密减氮和“一喷多促”技术，科学施用化肥。

7. 防好害

坚持“预防为主、综合防治”的植保方针，全面加强气象监测与病虫害监测的精准预报能力和联动能力建设，推广绿色综合防控、科学用药和统防统治等植保技术。

8. 机械化

大力推广机械播种、工厂化育秧、机械化耕整、水稻机插机抛、无人机施肥和病虫害防控、水稻收割机械化及水稻烘干技术，实施耕田、施肥、育秧、移栽、病虫防治、收割、运输和烘干等环节的全程机械化。

（二）“四高”关键集成技术体系引领发展方向

2023—2024 年，结合新时期新要素，长沙市进一步提炼总结了“培地扩容、激光平田，因地选种、依茬搭配，机械密植、变量施肥，生防优先、梯级控害”的粮食生产“四高”集成配套关键技术体系，并在全市粮食生产“四高”试验示范区应用落实，取得了显著的效果。

1. 培地扩容、激光平田，提高耕地质量

配套高标准农田和农田小水利建设，确保试验示范区排灌畅通、旱涝无忧；推广使用北斗定位、激光平田技术；推广秸秆粪肥还田、增施有机肥、冬种绿肥技术，提高耕地质量。

2. 因地选种、依茬搭配，推广优良品种

一是推介发布主导品种。2023—2024 年持续开展主导品种筛选试验，分别推介发布粮油生产主导水稻品种，指导农户选种用种。二是推广镉低积累水稻品种。2023 年，开展了镉低积累水稻品种试种示范；2024 年，完成镉低积累水稻品种推广面积 21.3 万亩。三是优化品种搭配模式。指导做好“早高晚优”“早专晚优”等模式搭配。每个试验示范区选择 2～3 个早稻、晚稻品种搭配方案，确保试验示范区优良品种覆盖率达到 100％。

3. 机械密植、变量施肥，足苗稳健栽培

一是确保足苗密植。双季稻区大力推动“多用一斤种、多产一担粮”行动，适当加大用种量及每亩抛秧量，落实适当密植、“增苗减氮”技术，保证每亩杂交稻苗 1.8 万～2.0 万蔸、常规稻苗 2.0 万～2.3 万蔸。二是推广变量施肥。改变传统“一炮轰”的施肥模式，全面推广应用足量基肥、适量追肥、巧施穗肥、叶面喷施粒肥、“一喷多促”等变量施肥技术。三是科学管水、健身栽培。根据气候特点和水利条件，薄水移栽，浅水分蘖，采用勤灌、浅灌和干湿交替灌溉方式管水，提升根系活力。

4. 生防优先、梯级控害，推广绿色生产

一是生防优先。试验示范区采用翻耕灌深水、性诱剂、食诱剂、迷向剂、灯诱、赤眼蜂、田埂种豆等生态绿色防控措施，压低田间病虫草害基数，减轻防治压力。二是梯级控害。按照“预防为主，综合防治”的植保方针，根据病虫害发生规律，应用浸种消毒、拌种控病虫、带药移栽、封闭除草等农药减施技术，全生长周期控制病虫害基数。三是应急防控。抓好关键生育期病害和虫害防治，采用生物药剂和高效低毒低风险化学药剂相结合，组织专业统防统治服务。

5. 数字智能，智慧管理，着力防灾减灾

因地制宜实施全流程智慧管理。运用物联网、大数据、云平台等信息技术，尝试开展精准管理。在集中育秧、农田翻耕、施药施肥、收割烘干等环节启用新型实用农机装备，实现粮食生产耕种管收全程机械化。全面加强监测能力建设，提升智能预警能力和应对灾

害性天气的防灾减灾能力。

四、经验弥丰，探寻“四高”成功新密码

（一）高位谋划，上下联动统筹推进

一是政府高度重视。2023年和2024年，长沙市委农村工作会议和市委一号文件都着重对粮食生产“四高”试验示范进行部署，将市级粮食生产“四高”试验示范和省级粮食生产万亩综合示范片建设同步推进，省委副书记、省长，省委常委、市委书记，副省长、市长，市委常委、分管副市长等省市领导亲自挂帅联点区县指导示范片建设，并多次召集专题会议，督导粮食生产和“四高”试验示范工作。二是部门精细推动。长沙市农业农村局统筹部署，明确创建范围，精选片区点位，分层次悉心打造千亩核心示范片、万亩综合试验区、十万亩辐射带动区，面积涵盖全市双季稻播种面积80%以上。在长沙市农业农村局牵头抓总下，长沙市农业技术推广中心全力落实部署，县乡两级农技推广机构协同配合，全面推进创建工作。三是区县联动配合。各区县（市）积极配合，迅速行动，及时召开“四高”试验示范工作部署会议，制定工作方案和技术方案，压实工作任务，落实生产要求，全面推广应用粮食生产“四高”试验示范双季稻丰产增效关键技术措施，落实各项工作举措。

（二）高端引领，创新机制强化支撑

一是院士团队技术实。充分发挥以柏连阳院士为首的专家团队的技术引领作用，推动粮食生产在病虫草害防控、集中育秧、科学施肥和田间管理等方面技术革新。团队专家实行联点对接，关键农时临田指导，给种植大户吃下“定心丸”。二是奖补措施保障实。长沙市委、市政府每年投入资金1000万元以上、各区县（市）实行配套保障，对大面积单产提升具有重要影响的关键举措和领域予以补助。在“四高”全域开展双季稻高产竞赛，评选并奖励高产冠军、高产标兵、种粮能手、种粮先进，充分调动农户种粮积极性，形成比学赶超的良好势态。三是工作调度方法实。院士团队专家与联点服务人员发挥专业优势，实行需求调派，及时解决粮食生产过程中急难愁盼问题。关键农时收集并通报水稻长势和病虫草害防控情况，督促农技人员加强管理，做到有备无患。

（三）高效服务，多措并举纾困解难

一是指导服务推良技。长沙市农业技术推广中心组建若干技术服务组，联点服务相关区县（市），开展技术指导，全面掌握服务区水稻生长实际情况，及时解决生产过程中遇到的各类问题。县乡农技部门每周深入田间地头，跟踪落实“四高”关键技术。二是齐抓共管立良法。紧扣农时编撰发布《农技指导》，提炼形成地方标准《双季稻绿色生产技术规程》《农用连栋钢架大棚技术规范》，制作《粮食生产“四高”试验示范技术规范模式图》《测土配方施肥宣传册》《落实化肥减量增效工作告知书》等，确保农户能随时随地看到技术要求，做到有章可循、有规可依。三是创新方式施良策。开发启用“线上培训频道”，发布线上培训视频课，便于种植户随时随地开启学习模式；精心制作“农农开讲”农业实用技术短视频，让农户点开手机就能看农技专家把脉、开方；制作水稻生产全流程指导系列短片，打通科技进村入户的“最后1公里”。

五、效益显著，彰显示范引领新价值

（一）经济效益高，增产增收成效显著

粮食生产的经济效益与水稻产量和品质直接挂钩。以核心示范片为例，2023 年亩产为 1298.52kg，综合早晚稻市场价格波动因素，售价在 2.6～2.9 元/kg，除去成本，每亩利润在 1000 元以上；2024 年在极端灾害性天气频发的情况下，示范区仍然实现丰产稳产，千亩核心示范片年亩产 1284.56kg，万亩综合试验区年亩产 1184.83kg，辐射带动区年亩产 1026.11kg，示范带动全市粮食单产达 459.65kg/亩，较全省平均单产提高 7.05%，创十二年新高。虽然面上产量有些参差不齐，但大面积增产目标基本实现，农户经济效益得到明显提高。

（二）社会效益好，赢得广泛认可赞誉

一是“四高”工作得到社会认可。开展粮食生产“四高”试验示范创建以来，长沙市委一号文件明确任务、各级政府高度重视、种植大户全面落实，上下联动，营造出全社会广泛关注的浓厚氛围。示范区多次迎接农业农村部、省、市各级领导及外国使团的参观，粮食生产工作得到了高度肯定。在 2024 年长沙市粮食生产“四高”试验示范区晚稻测产现场，中国科学院院士、崖州湾国家重点实验室副主任钱前称赞“四高”试验示范“非常惊喜，‘种三得四’，种 3 亩得到了 4 亩的收益，甚至是种 1 亩得到了 1.5 亩的收益，关键还是在克服了洪涝灾害、极端高温等不利天气影响下取得的喜人成果，值得全国学习”。同时，包括《人民日报》、中央电视台、《农民日报》、人民网、新华网等在内的各级媒体对此都进行广泛报道，“四高”工作成为粮食生产的响亮名片。二是集成技术得到推广应用。以长沙市农业技术推广中心为主导、凝聚各级专家智慧创新提炼的“四高”双季稻丰产增效技术，入选 2024 年度、2025 年度湖南省农业主推技术，并向全省推介，影响持续扩大。三是种粮信心得到有效提升。参与了“四高”试验示范的广大种粮大户、合作社和群众实现“三连丰”，感受到了“四高”试验示范的显著成效。在高产竞赛中，农户种出了亩产 1376.8kg 高产纪录。同时，各地涌现了众多粮油作物大面积单产提高的典型，多名农户主动向长沙市农业农村局送来锦旗，表达感激之情，极大地增强了全市种粮大户种粮决心和增收信心。

（三）生态效益优，守护农业生态家园

示范区通过有机肥替代、增苗节氮、绿肥种植等措施，减少了化肥用量，增加了土壤有机质，耕地质量有效提高。通过应用绿色防控技术，促进绿色防控与统防统治融合发展，采用高效低毒低残留的农药，既保护了天敌又实现了减药控害，极大地促进农业环境的可持续发展，让田间青蛙、蜘蛛、草蛉、隐翅虫等虫害天敌数量逐年增加，稻田生物多样性有效增强。通过实施“四无”工程，示范区无违禁农药及高毒农药下田，无农药包装废弃物乱丢乱扔现象，无农民、作业人员和牲畜中毒事故及作物药害发生，改善了农田生态环境，减少了农业面源污染，保护了农业生态环境安全，对推进长沙市乡村振兴和美丽乡村建设发挥了重要作用。

六、展望未来，续写粮食生产新华章

长沙市粮食生产“四高”试验示范建设在过去三年取得了令人瞩目的成绩，但守牢粮食安全是永恒课题，仍需持续探索与创新。未来，长沙将进一步加强科技创新，引入前沿农业技术，提升粮食生产的智能化、精准化水平；强化品牌建设，提升长沙粮食产业的市场竞争力和附加值；深化产业融合，拓展农业多种功能，促进农业可持续发展。2025 年，长沙市全面推广应用“四高”技术，推动全市整域粮油作物大面积单产提高，努力建设全国首批粮油作物大面积单产提高整建制地级市；同时，力争将粮食生产“四高”模式向更大范围推广，为保障国家粮食安全贡献更多长沙智慧和力量，在新时代粮食生产征程中续写辉煌篇章。

第二章 『四高』试验示范的内涵与实践

第一节 “高标准”的基础建设实践

耕地是我国最为宝贵的资源，是粮食生产的命根子。高标准农田是田块平整、集中连片、设施完善、节水高效、农电配套、宜机作业、土壤肥沃、生态友好、抗灾能力强，与现代农业生产和经营方式相适应的旱涝保收、稳产高产的耕地，在农田质量、产出能力、抗灾能力、资源利用效率等方面优势突出。高标准农田建设对于保障粮食产量成效显著。

2019年高标准农田建设职能整合至农业农村部门后，长沙市因地制宜、分类指导，根据当地水资源条件改地适水，开展田埂沟渠修整和管道网化改造，增强农田灌溉排水和保水保肥能力；根据当地地形特点，改地适土，综合开展田块整治，实现“小田变大田，大田变良田”；合理布局田间道路，改地适机，开展机耕道建设，让农田适应全程机械化生产的需要。截至2024年底，长沙市已新建高标准农田87.17万亩，改造农田34.17万亩。农田抗灾减灾能力有了明显提升，实现了大灾少减产、小灾能稳产、无灾多增产；农业生产效率有了显著提高，实现了灌排能力加强、机械化效率提高，有效节约了农业生产成本，为粮食生产“四高”连年丰产增产提供了重要支撑。

一、高标准农田规划布局

（一）高起点谋划，立足村情民意开展项目调研

为确保高标准农田改造项目落地落实，长沙市高起点谋划项目选址，结合实际切实开展调查研究。一是开展项目选址调研。长沙市各区县（市）农业农村局牵头组织相关乡镇深入各村开展调查研究，全面摸清各个地块的基本情况，在广泛听取村干部、村民小组长、种粮大户和广大农民群众意见建议的基础上，通过实地勘察与调研，选定地块连片、地势平坦、群众意愿高的基本农田，开展高标准农田建设。二是开展村情民意调研。高标准农田建设项目涉及辖区众多村民的切身利益，区县（市）农业农村局将化解民事纠纷作为重要事项提前谋划，组织相关镇（街）把高标准农田建设过程中可能遇到的土地权属纠纷、杆线迁改、用地范围等问题进行逐一调查、逐一分析、逐一研判，并针对可能遇到的问题提前做好准备，逐一协商化解，切实打好群众基础，确保高标准农田建设项目顺利实施。

（二）高标准布局，合理规划小田变大田

为加快高标准农田建设项目的实施，长沙市结合实际积极谋划所选地块的规划，切实优化田块布局。一是科学规划土地整合流转。明晰土地田块权属，并整合周边林地、园地、荒地，着力推动连片土地流转，有效吸引农业生产主体进行大面积连片承包生产和经营。实施高标准农田建设后，耕地经营权流转面积大大提升，为农业生产规模化、集约化、机械化发展奠定扎实基础。二是科学整治优化田块布局。组织相关乡镇、设计公司、村委会、村组长、村民代表和新型农业经营主体等，深入所选地块现场踩点、勘察，根据

地块的基本情况、各方面需求绘制高标准农田设计图，并广泛听取各方意见建议，不断优化和完善设计方向和设计内容，把规划设计做实、做足、做到位。

（三）高水准设计，因地制宜制定规划方案

按照因地制宜的原则，权衡项目区的地形地貌、地质水文、气候条件等，以当地的自然条件、社会经济发展水平为基础，结合区域中长期发展要求，科学合理地确定整体的高标准农田规划布局方案。

1. 田块整治方面

平湖区要集中连片推进，根据大中型农用机械特性，对田块进一步规整，同时保证田块灌排效率，格田长度宜为100～150m、宽度宜为30～50m，格田面积宜为10亩；对于该类田块，一般采用“灌排分离”方式进行沟渠布置。河谷区要因地制宜、科学划分归并田块，去高补低，调整田型，可建成小型条田或方田，格田面积宜为3～5亩；田间水系主要以“灌排结合”方式为主（纵坡较小时，“灌排结合”渠道宜采用窄深式渠道），对于面积较大田块，可考虑“双灌双排”方式进行沟渠布置。丘岗冲垄区相邻田块高差在0.4m以内，以修筑水平梯田为主，田块整治后相邻田块高差不宜大于0.8米，梯田田面长边宜平行等高线布置，宽度应便于机械作业和田间管理，格田面积宜为1～3亩，基本达到大中型农用机械作业条件；田间水系主要以“灌排结合”方式为主，对于有山洪排水要求的，可考虑“灌排分离”。山冲区可进行适当的田块规整，结合等高线，主要以削高为主，以达到中小型农用机械作业条件；田间水系主要以“灌排结合”方式为主，对于有山洪排水要求的，可考虑“灌排分离”。

2. 土壤改良方面

在进行土壤改良规划设计中，要按照不同区域的土壤性质、生产条件、基础设施等，采用“物理＋化学＋生物”相互结合、相互融合的方法来改良土壤，包括通过深翻耕加深耕作层、施用生石灰调酸、增施土壤改良剂、全面推广秋冬种植油菜绿肥、大力提倡增施有机肥和畜禽养殖粪肥还田等综合措施提升土壤肥力，提高耕地质量。此外，因地制宜推广轮作、间作或者是休耕的农业经营管理模式，以减轻连作对土壤质量造成的影响，让土壤肥力始终保持在高质量状态，以提高农作物产量。

3. 灌溉排水方面

灌溉排水也是高标准农田规划设计的核心环节。因此，在进行高标准农田灌溉规划设计时要遵循“灌溉和排水”相互结合的原则。这就需要科学合理地规划设计农田灌溉工程，注重田间灌溉工程和灌区骨干工程的相互衔接和配套，形成一个水源到田间完整的灌排系统。在条件允许的情况下，尽量选择就近合适的水源和农田周围的河流、水库等，以降低高标准农田建设成本；此外，还要合理规划设计灌溉渠道和排水沟，以水体自流为基本原则，并尽量缩短灌溉渠和排水沟的长度，同时也要避免相互交叉碰撞，降低水资源的浪费。

4. 田间道路方面

在进行田间道路规划设计时需要结合不同区域农作物生长需求，以及农业机械化发展的要求，全面优化机耕路、生产路。此外，对农田中的道路进行整修时，要充分利用现有的农村公路，科学合理配置与之相符的农机下田坡道、桥涵、错车道、掉头点等附属设施，以提升农机作业的便捷性。高标准农田还要求田间道路的通达度满足规范要求，即平原地区要能够达到100%、山地丘陵地区达到90%以上。

5. 农田输配电方面

在进行农田输配电规划设计中，需要以满足农作物灌溉、排水、田间道路的用电需求为依据，科学合理地铺设高压和电压输配电线路，并配置适宜的变配电设施，以便为泵站、信息化工程的运行提供稳定的电力支持。要求农田输配电建成后，农田供电设施设备基本完善，电力系统用电稳定性和安全性全部符合相关标准和规范要求。

二、高标准农田智能升级实践

望城无人农场是全国首个全程无人操作的机械化双季稻无人农场项目。项目引进中国工程院院士、华南农业大学教授罗锡文团队的全程无人操作农机研发成果，以高标准农田建设为基础，采用物联网、大数据、人工智能、5G、机器人等新一代信息技术，通过对农场设施、设备、机械等实施远程控制或让智能装备与机器人自主决策、自主作业，实现对农场所有的田间进行全天候、全空间、全过程的无人化作业，覆盖水稻耕、种、管、收等生产环节。

长沙县春华镇利用“铁塔视频哨兵”“图斑快递”“智慧农业”等科技手段，全面实现耕地“非农化”“非粮化”信息化监管和智慧治理。生产基地周边设置有2座监控铁塔。它们就像哨兵一样，24小时守护着周边的农田。一旦发现耕地有“非农化”“非粮化”问题，如破坏耕地、挖塘养鱼、挖湖造景，或者是耕地没有用于种粮食、堆放各类建筑材料等情况，各级田长可在第一时间责令整改。该基地已实现全程机械化覆盖率、良种推广运用率、病虫害统防统治覆盖率、绿色防控覆盖率达到100%。

浏阳市沙市镇河背村项目区集成了全程机械高效生产、病虫草害绿色防控、测土配方精准施肥、智能管网节水灌溉、化肥减量有机替代、气象预警避灾减损和智慧田园数字管理等技术，形成双季稻绿色优质丰产高效生产技术模式。田间分布了94套物联网智能设备，可以实时监测气象、病虫害、水位、墒情等农情数据，通过智农系统的AI大模型测算，给出田间管理、病虫害治理、收割时间等建议，指导粮食生产，实现精准作业。

其他如宁乡市回龙铺镇回龙铺社区、宁乡市金洲镇箭楼村、湘江新区含浦街道九丰村等项目区都因地制宜开展了智能智慧设施建设和探索。

三、“高标准”延伸拓展的探索

2024年，长沙市以高标准农田为基础、以乡村产业为支撑、以美丽宜居村庄为载体、以文明乡风为内涵，统筹整合当前实施的涉农项目资金，围绕实现肥田沃野梦、五谷丰登梦、诗意栖居梦、和美家园梦、强村富民梦，实施培肥“沃土”、夯实“粮仓”、打造“画村”、构建“和园”、培育“富民”行动，集中力量抓好办成一批群众可感可及的实事，努力在促进农业高产高质高效、乡村宜居宜业宜游、农民富裕富足富有、城乡共促共融共兴上树立样板、探索路径。在整合集成叠加粮食生产“四高”试验示范、蔬菜生产“三新三高”试验示范、高标准农田和“小农水”建设、美丽宜居村庄建设、乡村治理示范镇村创建等项目资源的基础上，建成5个“梦里乡村”综合示范项目，实现示范项目区高标准农田覆盖率达到100%，实施2000亩以上的粮食生产“四高”试验示范；培育形成1个特色主导产业，与城市社区实现对接共建；建成1个美丽宜居村庄示范片，覆盖100户花香庭院；成功创建市级以上乡村治理示范村。

第二节　“高技术”的创新应用实践

长沙市属于亚热带季风气候，光温资源充沛，气候温暖，降雨量大，高温多湿，全市常年粮食播种面积约为460万亩，是我国重要的水稻产区。

改革开放以来，农业科技创新日新月异、快速迭代，为我国粮食丰收、农业增效发挥了巨大作用。但当前粮食生产中，广大农民群众面临着地力提升不够甚至下降及化肥用量难以降低、市场上水稻品种多乱杂、品熟期搭配不合理、病虫草害逐年加重防治难导致农药使用量难以降低、部分区域重金属污染造成稻米镉含量超标等多种问题，同时极端灾害性天气频发重发，对水稻生产中的地力提高、品种选择、栽培技术等提出了更高要求。研究集成土壤肥沃、高产稳产、安全环保、提质增效的水稻丰产增效栽培技术，对促进水稻大面积单产提升、促进水稻产业高质量发展具有重要的现实意义。

2022—2024年，长沙首次开创性实施粮食生产“四高”试验示范，充分发挥长沙农业科技人才高地优势，由柏连阳院士领头，汇聚湖南省农业科学院、湖南农业大学等水稻产业专家团队力量，将“四高”试验示范基地作为专家团队科研成果转化基地和新产品新技术示范基地，在集成应用成熟技术确保效益最大化的基础上，集成代表新质生产力发展方向的提升粮食单产的品种、栽培、土肥、植保、机械等新产品新技术，推动粮食生产高技术在长沙创新应用与实践。

一、集成“四高”双季稻丰产增效技术

“四高”试验示范以长沙县、望城区、浏阳市、宁乡市、湘江新区示范基地为依托，2022—2024年，在全市创办了9个千亩核心示范片作为样板，将经过多年摸索的田间实践成熟的技术在示范片集成组装与应用。在此基础上，集成了以“培地扩容、激光平田，因地选种、依茬搭配，机械密植、变量施肥，生防优先、梯级控害”为主要内容的“四高”双季稻丰产增效关键技术体系。该技术在2024年、2025年连续2年入选湖南省农业主推技术。

（一）“四高”双季稻丰产增效技术的创新应用

培地扩容、激光平田主要是围绕地力培肥提升土地产出能力这个核心，明确了以高标准农田建设和小农水工程建设提高耕地的适度规模、耕层厚度和土壤肥力水平、灌排保证率、宜机化易通达等基础条件；针对高标准农田建设后的稻田肥力不足等问题提供了快速

培肥的方法，明确了有机肥的施用量和绿肥田的合理减肥量；创新了平田技术方法，为提高耕地平整度和提高田间管理效率提供了可操作技术。

因地选种、依茬搭配主要是围绕如何用好农业的“芯片”——品种的科学选择这个关键，通过持续开展品种适应性筛选试验，筛选适宜长沙市自然条件的优良品种；结合长沙市物候条件和地理气候差异以种适地筛选出双季稻早专晚优、早高晚高、早高晚优等多种品种搭配模式，探索出早晚稻最佳移栽时间和移栽方式，解决品种熟期搭配不合理和晚稻安全齐穗风险的问题。

机械密植、变量施肥主要是围绕机械化条件下强调合理密植、结合水稻生长发育需肥规律分段科学施肥这一举措，明确了长沙双季稻不同时期施用的氮肥、复合肥的利用率差异，确定了基肥、分蘖肥、穗肥和粒肥的合理施用比例及最佳施用时间，提出了通过水稻群体调控减少化肥的使用量，达到化肥减量的目的。

生防优先、梯级控害组装了生态绿色防控技术，在水稻生育全周期，根据病虫草害发生规律和特点，利用分层次、分阶段的病虫害防治策略，形成梯级防控体系，减少了对化学农药的依赖，提高了防治效果，确保了稻米品质。提出了“Vip＋N”的综合控镉技术路径和调控水分控制基部节间长度，提升抗倒伏能力的技术路线。

（二）“四高”双季稻丰产增效技术的实践效果

参与粮食生产“四高”试验示范的长沙县春华镇福得农农业开发有限公司、浏阳市沙市镇河背村、宁乡市金洲镇圆湖农机专业合作社、望城区靖港镇盛世农丰农机专业合作社联合社在专家团队和农技人员的指导下全程应用落实“四高”双季稻丰产增效技术。与传统栽培法相比，基地水稻“三虫四病”发生次数少、化肥农药使用量减少20%以上，耕地地力等级提升，田间管理效率提高，水稻倒伏情况大幅减轻，镉含量和农残量均不超标，千亩核心示范片产量都在1200kg以上，达到了产量和品质双提升，每亩增收1000元以上。通过高技术的应用，在稳定提高单产的基础上，大幅度增加了水稻生产经济效益，示范带动作用显著。

二、引进新型实用新技术

在明确长沙市气候、光温、土壤等客观条件的市情下，粮食生产“四高”试验示范除了集成较为成熟的双季稻丰产增效技术外，同时利用省会城市科研院所聚集、科技科研团队力量强大和院士领头的先天优势，积极引进一批水稻、油菜新型实用技术，在“四高”区内进行示范推广。这些科技赋能、良种良法，以及现代化农业技术的应用共同构成了粮食生产新质生产力，为保障国家粮食安全和推动农业高质量发展提供了有力支撑。

（一）科技赋能引领粮食生产新质生产力发展

在智能化管理方面，长沙县、浏阳市、望城区等地探索运用数字化设备如智能远程终端灌溉系统、高集成农业气象站、智能虫情测报灯、病虫害物联网系统等，实现田间数据的实时传导和精准管理。借助大数据、物联网、人工智能等信息技术，农民可以远程实时查看气象环境、土壤肥情、水源灌溉、作物长势、病虫害趋势等信息，为粮食生产提供科学依据。在智慧农业方面，长沙市农业农村局研发“四高”智粮平台，将全市智慧农业的数据进行整合，通过集成化、智能化的管理手段，全程跟踪、及时调度示范区的大户全生育期农事操作。这一平台不仅提高了粮食生产的效率和精准度，还推动了粮食生产的数字化和智能化进程。

（二）高新技术推动粮食生产新质生产力发展

良种良法是粮食生产新质生产力的重要组成部分。运用现代化的农业技术筛选出的新品种、新产品、新技术，需要先在田间实践中应用，重新优化改良，成熟后再作为粮食单产大面积提高的储备技术手段。

1. 镉低积累水稻品种

2023 年起，粮食生产“四高”试验示范区率先在镉污染中低风险利用区小范围示范种植中安 2 号、中安 7 号、臻两优 8612、青莲丝苗、西子 3 号等一批优良镉低积累水稻新品种，对镉低积累水稻品种的丰产性、适应性、抗逆性和稻米品质进行全面鉴定。2024 年，完成镉低积累水稻品种推广面积 21.3 万亩，其中早稻 6.2 万亩、中稻 11.5 万亩、晚稻 3.6 万亩。解决镉超标问题不再是难题。

2. 生物肥控草技术

在浏阳市、长沙市望城区等地进行黄腐酸控草试验示范。黄腐酸是一种有机质，当它被施入农田时，可以有效地抑制杂草的萌发，同时促进作物的生长。将黄腐酸施入田中，则全程可不再使用化学除草剂，有助于减少化学除草剂的使用，保护生态环境，提高作物的产量和品质，具有重大的应用前景。在浏阳，通过调查实地数据，研究发现“淹水＋黄腐酸”控草技术能有效抑制水稻生育前期田间杂草的发生，促进水稻生长，增加穗粒数、收获指数和产量。

3. 性信息素迷向技术

利用人工仿生的“假”雌成虫释放性信息素，引诱并干扰真雄成虫的交配行为，从而显著降低二化螟的成虫交配率，减轻其对水稻等作物的危害。该项技术在宁乡市、浏阳市等地示范效果显著，可显著降低二化螟危害，能减少防治次数 1～2 次，大大减少化学农药的使用，且不会对环境造成污染，也不会产生抗药性，是一种具有广阔应用前景的绿色防控技术。

4. 深浅交替淹灌防控稻飞虱爆发技术

通过在水稻生长过程中实施浅水与深水交替的灌溉方式，创造不利于稻飞虱生存和繁殖的环境条件，从而达到防控稻飞虱的目的。在水稻分蘖期开始实施浅水勤灌，以促进水稻根系生长和分蘖。随着水稻的生长，逐渐过渡到深浅交替淹灌，特别是在稻飞虱高发期，应增加深水淹灌的次数和持续时间，减少稻飞虱在稻丛基部的栖息和繁殖空间，有效防控稻飞虱的爆发。

5. 病原线虫防控二化螟技术

昆虫病原线虫的 XC－3 和 XC－4 品系等优势品系，可以对二化螟幼虫实现较高的致死率。在大田二化螟发生高峰期（水稻分蘖盛期），用无人机喷施昆虫病原线虫，可有效防治二化螟。该项技术在望城区进行示范推广，基本能替代化学药剂防控二化螟。在化学农药抗性高等不利因素的影响下，可逐步应用生物防治方法控制二化螟。

6. 纱网多重拦截控制福寿螺技术

在灌溉渠和稻田入水口、出水口安装 3 层以上阻隔网，拦网的网孔 10 目以下逐渐加密，集中分层拦截福寿螺成螺和幼螺，同时定期清理拦网上的渣物，以防影响灌溉和排水。该技术通过多重拦截阻止福寿螺随水进入农田。

三、开展新技术新品种的试验示范

开展一系列新技术的试验示范是推动农业现代化的重要举措。通过新技术的试验示范，可以验证新技术在本地的可行性、有效性和经济性，为后续的推广和应用提供科学依据。长沙市农业技术推广中心坚持问题导向，高度重视持续开展粮油生产新产品新技术的试验示范和技术储备，通过多地多点试验，筛选适合本地的新技术新药剂。在长沙县集中开展从种子到稻米全景式全链条试验示范，2 年间在品种筛选、基质选择、病虫害防控、科学施肥、育秧大棚综合利用等方面开展新技术新药剂试验示范 20 余项。

（一）新品种试验示范

通过持续开展水稻品种筛选试验，筛选适合长沙市主栽的早稻、晚稻、一季稻、再生稻等水稻主导品种 60 个。倒种春种子不同播期对水稻产量的影响试验表明，长沙地区不同品种在不同的播期产量差异较大，在晚稻改种补种时，中早 39 和东湖早 1 号表现较好，可作为倒种春种子使用。另外，同一品种和相同栽培管理措施，播期越早，产量表现就越好；播期越晚，产量表现就越差。因此，及时抢播是倒种春种子夺得高产的关键因素之一。试验结果仅限于本年度气候条件下的试验结果。年度间是否具有重演性，有待于进一步试验。

（二）育秧基质选择试验示范

不同育秧基质与营养土配比对水稻秧苗素质及产量影响试验表明，碳化稻壳灰与营养土配比为 6∶4 时，作为水稻育秧营养基质，对促进水稻种子出苗率、成秧率都有较好的作用，能够培育出秧苗健壮、分蘖率强、盘结力高的壮秧，有效增强机插的适应性，成本低且可显著增加产量，值得大力推广。

（三）病虫草害防治试验示范

不同除草方式对机插田杂草防除效果试验表明，插喷同步、大粒剂撒施、高浓缩药球直接撒施操作均较简便，比较省工省力，对稗草和鸭舌草均有较好的防治效果，建议在插后封闭除草使用。二化螟生物药剂筛选试验表明阿维菌素对水稻二化螟的防治效果显著高于其他处理，无论是速效性和持效性均较为稳定，保产性也最好，在使用剂量范围内对作物安全无药害；乙基多杀菌素、甘蓝夜蛾核型多角体病毒等表现也较突出，保产率达到 10%以上。水稻全生育期“生防优先”试验表明绿僵菌、甘蓝核型多角体病毒等生物农药在防治二化螟上有一定的效果，但无法替代化学农药，且无人机药液量对防治效果的影响不显著。农药减量助剂晚稻病虫草害防治上的应用效果试验表明凌空飞度和安融乐在农药常规用量和减量 2 种情况下产量表现都很好，安融乐产量表现最佳，其他助剂产量表现一般。

（四）科学施肥试验示范

新建高标准农田快速培肥试验表明，新建高标准农田施用商品有机肥或者粪肥均可培肥地力和提高水稻产量，新建高标准农田建成后头季亩施500kg商品有机肥或者2吨粪肥比较合理。化肥减量配施粪肥对晚稻产量的影响试验表明，在水稻种植过程中用粪肥作为基肥替代一定量的化肥可以不同程度地提高水稻产量。每亩施用2吨粪肥，可减少20%的化肥用量。为了避免烧苗现象，粪肥下田3天后再移栽，增产效果最好。

（五）育秧大棚综合利用试验示范

通过利用育秧大棚闲置时间，在大棚内种植辣椒、菌类、油菜等其他作物，可以有效延长大棚的使用周期，提高土地利用率和农业综合效益，从而增加种植户的收入。通过轮作，有助于改善土壤结构，破坏病虫害越冬场所，减少病虫害的发生。

第三节　“高产量”的单产提高实践

长沙市耕地面积为303.60万亩（第三次全国国土调查数据），而长沙市常住人口为1051.31万人（长沙市2023年国民经济和社会发展统计公报数据），在长沙市推进水稻大面积单产提高具有多层次的战略意义。这既是保障粮食安全的现实需要，也是推动农业现代化，促进乡村振兴的重要抓手。一方面，提高水稻单产可有效破解耕地资源瓶颈。长沙市作为长株潭城市群核心区，城镇化率已达84.6%（2023年数据），耕地面积仅占市域面积的17.3%，在有限的面积上提高水稻单产能够增加粮食总产量，有助于稳定本地粮食供应，确保城市居民口粮；另一方面，面对气候变化、自然灾害等不确定因素对农业生产的影响，提高水稻单产可以增强粮食生产的稳定性和抗风险能力，守牢粮食安全底线。

长沙市作为湖南省的省会城市，在农业科技研发、推广应用等方面具有一定的优势。通过开展水稻大面积单产提高行动，长沙市探索出一套适合本地乃至南方地区的水稻高产栽培技术和管理模式，为全国其他地区提供示范和借鉴，推动全国水稻产业高质量发展。

一、产量目标与达成情况

（一）产量目标

长沙市粮食生产“四高”试验示范旨在通过创新技术和优化管理，实现粮食产量的大幅提高。针对不同的示范区，设定了明确的产量目标，千亩核心示范片以打造高产样板为目标，万亩综合试验区致力于实现较高产量水平并发挥示范引领作用，十万亩辐射带动区则注重推动大面积产量的提高，为全市粮食增产提供有力支撑。

（二）产量目标达成情况

2022—2024年，长沙市粮食生产“四高”试验千亩核心示范片三年双季稻亩产分别为1275.80kg、1298.52kg和1284.56kg；2023—2024年，长沙市粮食生产“四高”试验万亩综合试验区2年双季稻亩产分别为1204.43kg和1184.83kg，十万亩辐射带动区2年双季稻亩产分别为1005.16kg和1026.11kg。示范区双季稻年产量均超过预期产量目标。

二、关键技术

（一）优化品种选择与搭配

1. 品种选择

根据长沙市的气候、土壤等自然条件，选择生育期适宜、抗逆性强的品种。例如，早稻品种注重早熟性和抗寒性，晚稻品种则强调抗倒伏和耐高温能力，确保在秋季高温和台风等灾害天气下仍能稳定生长。潭两优83、锦两优128、陵两优1785等早稻品种，3两优911、隆晶优1212等晚稻品种在长沙市粮食生产“四高”试验示范中呈现良好的适应性。其生育期与当地气候条件相匹配，为示范区高产创建奠定了基础。

2. 品种搭配

遵循“早稻早熟配晚稻迟熟、早稻中熟配晚稻中熟或中迟熟、早稻迟熟配晚稻早熟或中熟”的原则，合理搭配早晚稻品种。例如，在长沙县果园镇，采用欣荣优123早稻与3两优911晚稻搭配，充分利用了光温资源，实现了早晚稻的均衡丰产。这种搭配方式既有效避免了因品种搭配不当导致的生长不协调和产量损失，又确保了双季稻的整体高产。

（二）精准栽培管理技术

1. 育秧技术创新与应用

全面推广工厂化集中育秧技术，实现了育秧过程的标准化和精细化。在育秧过程中，严格控制温度、湿度等环境条件，采用智能设备进行催芽，确保种子发芽整齐、健壮。同时，根据不同品种及其移栽方式，精准确定适宜秧龄，培育宜机壮秧。例如，在长沙市粮食生产“四高”试验示范区，早稻秧龄控制在25～30天，晚稻秧龄控制在20～25天，为移栽后的快速返青和生长提供了有力保障。

2. 合理密植与移栽技术

在移栽环节，全面落实“栽足基本苗，促苗早快发”行动，采用机插机抛方式，提高移栽效率和质量，确保秧苗分布均匀，为后期的群体生长和产量形成创造了良好条件。根据不同品种适宜的土壤肥力不同，确定合理的种植密度。早稻常规稻苗每亩约插2.5万蔸，杂交稻苗每亩约插2.2万蔸；晚稻常规稻苗每亩约插2.2万蔸，杂交稻苗每亩约插2.0万蔸。

3. 科学施肥技术

以测土配方施肥为基础，结合土壤肥力检测结果，制定个性化施肥方案。在基肥中，增施有机肥和生物菌肥，改善土壤结构，提升土壤肥力，同时配合早、晚稻秸秆还田和种植绿肥，增加土壤有机质含量。在追肥过程中，根据水稻生长阶段，合理分配氮肥、磷肥和钾肥的施用量，注重穗肥和粒肥的施用，提高肥料利用率，促进水稻生长和结实。

4. 水分管理技术

推广科学管水、健身栽培技术，按照水稻不同生育期的需水规律进行水分管理。在移栽期，保持浅水层，促进秧苗返青；分蘖期，实行浅水勤灌，促进分蘖早生快发；够苗期及时晒田，控制无效分蘖，增强根系活力；孕穗期至抽穗期，保持充足的水分供应，确保水稻生长发育需求；灌浆期后，采用干湿交替灌溉，防止倒伏和早衰，增加千粒重。

（三）病虫害绿色防控技术

1. 构建绿色防控技术体系

秉持“预防为主、综合防治”的植保方针，构建了以物理防治、生物防治为主，以化学防治为辅的病虫害绿色防控技术体系。通过翻耕灌深水、性诱、灯诱、食诱等技术手段，有效降低了病虫害的发生基数。

2. 精准施药与统防统治

加强病虫害监测预警，根据田间病虫害发生情况，结合植保机构发布的病虫情报，及时准确地进行防治。在施药过程中，优先选用生物农药和环境友好型农药，采用无人机等新型植保机械进行统防统治，提高农药喷施均匀度和防治效果，减少农药使用量。

三、单产提升实践中的创新点与突破

（一）技术集成创新

1. 多技术融合应用

将品种选择、育秧、栽培管理、施肥、水分管理和病虫害防控等技术进行有机融合，形成了一套完整的高产栽培技术体系。在长沙市粮食生产“四高”试验示范中，将“培地扩容、激光平田，因地选种、依茬搭配，机械密植、变量施肥，生防优先、梯级控害”等技术进行集成应用，实现了各技术环节的协同增效，充分发挥了技术集成的优势，提高了粮食单产。

2. 新技术的引入与应用

积极引入和应用新技术。例如，激光平田技术提高了田块平整度，为机械化作业和水稻生长创造了良好条件；北斗卫星导航技术应用于农机作业，实现了精准施肥、精准移栽和精准收割，提高了生产效率和质量。这些创新技术的应用为单产提高提供了有力支撑。

（二）管理模式创新

1. 信息化管理手段应用

利用物联网、大数据等信息化技术，建立了农田智能监测系统，实时监测土壤墒情、气象条件、水稻生长状况等信息，为精准管理提供了数据支持。通过智慧农业平台，实现了对水稻生产全过程的远程监控和管理决策的科学化，提高了管理效率和决策准确性。

2. 专业化服务体系建设

培育和发展专业化的农机服务、病虫害防治服务、农资供应服务等社会化服务组织，为种植户提供全方位、专业化的服务。通过专业化服务，解决了一家一户分散经营难以解决的问题，提高了生产的组织化程度和标准化水平，促进了粮食单产的提高。

（三）示范带动效应创新

1. 点面结合，形成多层次示范带动体系

构建了千亩核心示范片、万亩综合试验区、十万亩辐射带动区的多层次示范带动体

系，通过千亩核心示范片展示高产技术和模式，万亩综合试验区进行技术集成和示范推广，辐射带动区将成功经验和技术广泛传播到更大范围，形成了点面结合、以点带面的良好局面，带动了长沙市粮食产量的整体提高。

2. 互促共进，开展技术培训与观摩交流

组织开展丰富多样的技术培训和观摩交流活动，邀请专家进行现场指导，培训种植户帮助其掌握高产栽培技术。同时，举办现场观摩会，展示试验示范成果，让种植户目睹高产技术的应用效果，增强其对新技术的认同和应用信心，推动了高产技术的快速推广和应用。

3. 以赛促产，营造勇夺高产浓厚氛围

按照“区域代表性强，关键技术应用落实好，产业链示范效果好，辐射带动能力强”的原则，根据主体申请、乡镇自测、市县级抽测的要求，分层次、分步骤、有序实施“四高”试验示范区双季稻高产竞赛。2023 年评定出“长沙市粮食生产‘四高’试验示范高产冠军”1 名、“长沙市粮食生产‘四高’试验示范标兵”12 名、“长沙市粮食生产‘四高’试验示范先进”28 名；2024 年评定出“长沙市粮食生产‘四高’试验示范高产标兵”5 名、“长沙市粮食生产‘四高’试验示范种粮能手”14 名、“长沙市粮食生产‘四高’试验示范种粮先进”31 名，实现了“以赛促研、以赛促产、以赛促效”的目标。

第四节 “高品质”的目标效应实践

“湖广熟，天下足。”在湖南这片孕育稻作文明的热土上，长沙市自古便是“鱼米之乡”，更是中国四大米市之一。从明清时期“舟楫塞港，街道肩摩”的米市盛景，到今日“长沙好米”品牌战略的全面升级，这座城市始终以创新精神守护着“一粒米”的品质追求。2025 年，长沙市委、市政府出台《关于进一步深化农村改革扎实做好 2025 年乡村全面振兴重点工作的实施意见》，提出打造“长沙好米、好菜、好茶、好油、好果”系列区域公用品牌。而“四高”试验示范区的高品质稻米实践，正是这一战略的生动注释。“四高”试验示范区做到统一高产优质品种、统一绿色栽培技术、统一病虫草害防治、统一测土配方施肥、统一机械化作业，探索出双季稻高产高效栽培技术，极大地促进农户增产增收，为粮油作物大面积单产提高和高品质水稻生产提供强有力的技术支撑。“四高”试验示范这一创新之举不仅延续了千年稻作文化的基因，更以科技赋能、民生为本的理念，助力“中国饭碗”装上更优质的“长沙粮”。

一、“四高”稻米：传统与现代的品质交响

（一）外观与营养：从“米粒如玉”到科学标准

长沙好米自古以“米粒莹白如玉”闻名，而“四高”稻米正是这一传统的现代演绎。“四高”试验示范区优质稻米外观晶莹剔透、光泽均匀，无碎粒和破碎情况，不含

有石杂、糠皮、色素等任何杂质；腹白小甚至没有腹白，角质率度高，米色清亮，煮出的饭甘香、软而不粘。“四高”试验示范区水稻延续了长沙人“米要香、饭要软”的味觉记忆，均选用《食用稻品种品质》标准二级以上品种进行种植，让每一粒米都承载着科学与传统的双重匠心。例如，浏阳市“好爸妈”的大米出厂检验报告显示：稻米含水量在14%以下，整精米率56.6%～58.3%，垩白度0.6%～1.7%，直链淀粉含量16.4%～18.5%，胶稠度约为60毫米，碱消值5～7级，蛋白质含量6%～7%，粗脂肪含量0.3%～0.5%。

（二）绿色与安全：从“鱼米之乡”到生态屏障

“四高”试验示范区双季稻均在高标准农田改造建设基础上进行种植，远离化工厂、工业废气排放源、垃圾填埋场等有污染的区域，三年来稻谷农药残留和镉含量均合格，特别是中安2号的镉含量为0.012～0.027mg/kg，远低于《食品安全国家标准食品中污染物限量》(GB 2762—2022）规定（≤0.2mg/kg)。在收割时未使用有毒物质，确保稻谷的原生性；运输过程中使用干燥容器和工具，避免杂质和异物的混入；储存环境干燥、通风、防虫。在碾米、磨浆、糙米脱壳等加工过程中，严格控制温度、湿度和时间，全程保证设备和工具的清洁卫生，减少杂质的混入；“四高”试验示范区的稻米包装材料选用符合卫生标准的食品级材料，密封性好且具有防潮和防虫的特性，储存环境要求干燥通风，避免阳光直射和异味污染。这种对“安全”的执着，为长沙稻米成为市民餐桌上的“放心之选”奠定了基础。

（三）口感与品牌：从“米市传奇”到文化符号

高品质稻米要在食用过程中能够给人带来舒适的口感体验，米粒具有适度的硬度，既不过软也不过硬，咀嚼时保持一定的韧性，不容易糊化或变成浆状物。“四高”试验示范区的稻米具有适度的黏性，保持米粒的结实性，不过于黏稠，咀嚼时富有弹性和韧度，是对长沙饮食文化的深情回应。例如，晚稻品种“玉针香”自带兰花香，蒸煮后米粒饱满如玉，恰似清代《湖广通志》所载“湘米色白粒长，油润光亮”的风韵。这让消费者在购买时不仅能看到“长沙好米”的标识，更能触摸到土地的温度与农人的匠心。

（四）产销与民生：从“粮仓”到“金仓”

根据粮食市场稻谷销售流通情况，“四高”试验示范区坚持选择适销对路、市场行情好、经济效益高的品种，重点突出打造双季高产、高产优质、安全阻镉、订单农业等特色鲜明、主题突出的示范片。早稻选择加工专用型和高产稳产型品种，前者主要销往米粉加工厂，后者主要供应储备粮库；晚稻选择优质丰产或高档优质品种，以利于稻米加工和品牌培育。许多种植主体和大米加工企业拥有自己的大米品牌，如浏阳示范区“木山米业”的优质稻湿谷收购价达到了120元/百斤；宁乡市示范区圆湖农机专业合作社把高档优质稻玉针香加工成首批“厦家洲”牌生态高档优质香米，预定销售价格为20元/kg，不仅实现高产优质，还能实现高效增收；大米加工企业“米吉星”采用订单模式批量收购“四高”稻谷，“四高”试验区水稻实现优质优价。这种“产得好、卖得出、赚得稳”的良性循环，让“好米有好价”成为现实，正是长沙乡村振兴的生动实践。

二、“四高”技术：藏粮于地，藏粮于技

长沙市是亚热带季风湿润气候，各县气温为16.8～17.3℃，年积温达到5457℃，各县年降水量为1358.6～1552.5mm，充足的日照和适宜的温度可以促进稻谷的光合作用和养分吸收，从而提高稻谷的品质。

（一）持续培肥地力涵养沃土

稻米品质受种植土壤和灌溉水质影响很大，通常适宜的土壤是肥沃、排水良好的深层土壤和清洁、无污染的水源。经前期对“四高”试验示范区土壤取样检测，所有田块pH值均是5.5～7.0的中性土壤，稻田灌溉水源充足，保证了良好的农田生态环境。长沙市自开展“四高”试验示范以来，始终坚持把培肥地力作为最基础的关键举措来抓。一是大力开展土壤改良。结合高标准农田建设标准，安排8%的建设经费用于土壤改良工程，通过深翻耕、施用生石灰等措施，进行土壤调酸、加深耕作层等。二是大力增施有机肥。结合绿色种养循环、“一场三池”等项目建设，鼓励将畜禽养殖粪污和农家肥资源化利用与还田，大力推进秸秆综合利用与还田，鼓励增加商品有机肥的施用培肥土壤。三是大力发展秋冬油菜绿肥种植。每年种植秋冬油菜90万亩、紫云英等绿肥30多万亩，培肥地力涵养沃土，推动“藏粮于地”的落实落地。

（二）科学选用搭配品种

优质稻保优提质栽培技术是现代农业高质量发展的关键之一。优质稻品种不仅可以提高产量和品质，还能提升稻米的经济价值与市场竞争力。“四高”试验示范区根据长沙市农业农村局发布的主导品种和专家组审定的技术方案选择“早专晚优、早高晚优、早优晚优、早高晚高”等2～3个早、晚稻品种搭配方案，如早稻潭两优83、陵两优1785、陵两优268、中嘉早17、湘早籼32等，晚稻玉针香、农香42、桃优香占、泰优农39、Y两优911、3两优911等；指导农民根据耕地不同土壤等农田环境类型差异化选用品种“以种适地”。积极引导粮食加工企业开展订单生产，推广适销对路、特色专用优良新品种，早稻重点推广米粉加工等专用型品种，中、晚稻重点推广适用于品牌稻米加工的丰产高档优质稻（米质达到国标二等及以上）新品种；在中轻度镉污染地区全面推广应用镉低积累水稻新品种臻两优8612，开展中安2号、中安7号、西子3号、清莲丝苗和安两优2号等新品种的试种示范。同时，示范区连续2年开展新引进品种高产攻关试验和适应性试验5～8个，筛选出适宜在长沙范围内推广的品种20余个。开展试验既考虑复种指数、产量因素、好稻米成因，又注重探索高产攻关措施和新品种适应性试种，为后续示范基地可持续发展提供支撑。

（三）分段变量科学施肥

科学施肥是实现高产优质稻收成的关键因素之一。“四高”试验示范区全面落实“改一炮轰施肥方式为分段变量科学施肥”行动，即在水稻生长期将肥料分基肥、分蘖肥、穗肥分段施用。基肥要施足，早稻农田翻耕前每亩施商品有机肥150kg或者粪肥2吨，配施40%的复混肥（18-10-12或相近配方）30kg左右；晚稻季基肥施40%的复混肥（18-10-12或相近配方）35～40kg。施分蘖肥要早，在早稻插后5天、中晚稻插后3天施蘖肥

为宜。施穗肥要巧，在主穗幼穗分化 3 期前，结合苗情追施穗肥。同时，示范基地坚持“减量化投入、清洁化生产、资源化利用”策略，开展化肥减量新技术集成示范建设，全面推广应用缓（控）释肥和测土配方施肥技术，大面积推广种植冬季绿肥，促进农业绿色发展，优化农业生态环境。

（四）优化绿色防控技术

坚持“预防为主、综合防治”的植保方针，按照“生防优先、梯级控害”的原则，在粮食生产“四高”试验示范区内全程应用病虫害绿色防控措施，全面落实农药减量增效。例如，选择抗病品种连片种植；及时做好浸种消毒、拌种控害；3 月底 4 月初大面积移栽前采用深翻耕灌深水灭虫灭蛹技术控制二化螟和杂草；田埂种豆促进增产增收；在移栽前 2～3 天，施用“送嫁药”；采用性诱、迷向剂、食诱、灯诱等绿色防控技术控害；中晚稻成熟后，留桩 15cm 以下低茬收割，减少虫源基数；及时进行药剂防治——病虫害发生较轻时，选用生物药剂进行轻防；发生较重时，选用化学农药进行应急防控。

（五）确保适时收获

稻谷成熟度主要通过观察稻穗的颜色、稻粒的硬度和颗粒饱满度来判断。当稻穗颜色变为金黄色，稻粒颗粒饱满，用指甲轻轻压碎稻粒而不易破碎时，表示稻谷已经成熟。“四高”试验示范区不同的稻谷品种生长周期不同，选择适宜的收获时间，避免天气突变或灾害对收获造成影响，确保稻谷的品质和产量。遇到稻株生长不均匀或者有病虫害的情况，及时采取相应的措施，并推迟收获时间。稻谷的收获应采用割台收割机械作业或人工收割，避免过度机械化或过度人工化造成损失。收获后及时进行晾晒和储存，避免稻谷霉变或者发芽，确保稻谷保持优质。

三、“四高”稻米的努力方向

（一）选优质高产广适多抗的好品种

品种是品牌创建和推广的基础和关键，需加大优质、高产、抗病、抗逆性强的优质稻新品种引进试验、示范推广，进一步提高全市稻米品质，指导农民群众普遍选择黄华占、泰优 390、桃优香占、泰优农 39 等作为稻米加工原粮品种；选用玉针香、农香 42、韶香 100 等香型高档优质稻品种作为品牌稻米原粮品种；推广高产优质高效栽培技术、轻简栽培新技术，提高水稻耕种防收机械化利用率，降低生产成本。

（二）产业链延伸提升价值

要向下通过深化与粮食企业的合作打通品种与市场的联结渠道，向上完善与种植户的利益联结机制，加大订单种植力度；种植环节要根据品种特性、生态特征，制定科学合理的种植规范；收获、烘干、仓储、加工、销售等环节，要实行标准化、规范化和精细化管理；建设质量和产地均可追溯的体系，塑造优质稻米精品高端形象。

（三）推进品牌化应用

政府从政策上引导粮食企业以品种品牌为载体来塑造自主的大米品牌，通过标识原米的品种来源、配比米的品种来源及比例等方式体现品种品牌的重要性；引导种企与粮企在品牌推广方面形成合力，尤其是要发挥粮企在消费供应端的品牌影响力，通过品种品牌授权使用的方式将品牌植入消费端，逐渐提高品牌价值与知名度；充分挖掘农耕文化底蕴，丰富稻米文化内涵，让消费者体验到“买米”“吃米”是一种文化享受，为稻米品牌的建设提质增效。

从“四大米市”到“好米品牌”，长沙的稻米故事，既是科技与人文的交响，也是传统与创新的传承。当农民在示范区的田埂上收获金黄稻穗，当市民在超市拿起印有“长沙好米”的包装袋，这不仅是品质的胜利，更是千年稻作文明在新时代的生动注脚。未来，这片土地将继续以“四高”为笔，在“中国饭碗”里书写更精彩的长沙篇章。

第三章 技术体系的集成与配套

第一节 高标准农田建设及运营

为深入贯彻落实党中央关于逐步把“永久基本农田全部建成高标准农田”的决策部署，对标《湖南省高标准农田建设规划（2021—2030年）》，锚定长沙市委、市政府提出的“在2030年前将全市92.54万亩永久基本农田全部建成高标准农田”的建设总目标，长沙市全力有序推进高标准农田建设。高标准农田建设是实现国家“藏粮于地、藏粮于技”的重要驱动力，是巩固和提高粮食生产能力、保障国家粮食安全的根本举措。长沙市实施土地平整、灌溉与排水工程、土壤改良等一系列措施，可以改善农业基础设施和生产条件，增加农业水资源储备量，增强农业水源保障系数，提高灌溉水利用系数，节约用水，新增有效灌面、恢复改善现有灌面，不留“灌排空白地”，不再出现“最后1公里”短板现象，确保片区耕地灌溉全覆盖，建一片成一片，实现农业增产、增效和农民增收的目标。

“三分靠建、七分靠管”，做好建后管护是保障高标准农田建设项目充分发挥效益的关键。长沙市通过建立管护制度、明确管护责任、落实管护经费、创新管护模式，确保“建得好、用得好”，提升高标准农田的建设效益。

一、高标准农田建设施工

（一）基本原则

（1）严格执行设计图纸和基本建设程序，遵守国家政策法令和有关规程规范。

（2）依据工程特性和工程布置特点，将土地平整、沟渠及渠系建筑物等主要工程项目安排在非灌溉期、农闲季节施工。

（3）各项目施工前后兼顾，合理衔接，减少干扰，均衡施工，田块整治应先于渠沟施工。

（4）整个项目施工采用机械施工及人工施工相结合的方式进行。

（二）田块整治工程

田块整治工程是项目的主要内容，规范施工程序及工艺流程是提高土地平整标准最有效的措施。

田块整治施工程序：除杂清场→放线定位→报验→表土剥离→报验→推土平整→报验→回填表土→修筑田埂→整理施工资料→报验。

土方开挖一般采用铲运机挖运，格田内平整、表土剥离、回填一般采用推土机，土方调配应按照土方调配图的要求进行土方调运。田坎、田埂修筑均采用人工挖、筑土、整修、夯实。土地平整采用格田内自平衡，一般应逐块格田平整到位，不允许大面积施工，只有规划了土方调运的部位允许多格田同时施工。

（三）灌溉排水工程

1. 测量放线

开挖施工前进行测量放线。机械开挖按每50m打上边线桩和水准点，边线用白灰和竹竿等标示清楚。人工开挖按每 20m 打上边线桩和水准点，边线用白灰和竹竿等标示清楚。

2. 沟渠开挖

沟渠开挖单斗挖掘机液压斗容 0.6m^3，人工结合修整。对于有水的地段，先打好挡水围堰。开挖点根据各条渠道的走向，从渠道的下游向上游挖进，挖至设计标高时，应及时安排人员清除余土，根据地质情况和渗水量设置排水边沟和集水井，并及时排水。对于地质情况较差的渠道，应采用适当的支护加固措施，防止坍塌。

3. 垫层施工

渠床整形平整度达到要求后，铺设垫层。

4. 伸缩缝固定

伸缩缝采用 2cm 厚聚乙烯闭孔泡沫板嵌缝，渠底、侧墙及压顶应形成通缝。施工前，根据施工图纸进行测量放线，依据测量点、线进行安装固定及校正。施工过程中，应设置足够的临时固定设施，以防变形和倾斜。伸缩缝施工应严格按操作规程执行，保护板材，防止板材损坏。板材的现场安装拼接，要注意拼接质量，接缝平整严密，防止错台现象，确保模板安装满足规范及技术要求。

5. 砼浇筑与养护

（1）施工材料。现浇砼尽量采用商品砼。出厂前，应对该商品砼品质进行检验，发货时均应附有工厂合格证和复检资料，运输和储存均应符合规范要求，运至工地后，现场取样送检，如检验不合格，严禁使用。若采用现场拌合砼，应选用合格的材料，建议采用普通硅酸盐水泥，砼拌合前，应先进行配合比试验，并将确定的最优配合比在搅拌现场醒目展示，严禁人工拌合。

（2）砼运输。砼运输采用翻斗车、人力车及人工挑抬辅助。要求运输距离不超过 200m，运输路面或车道路面平整，并随时清扫干净，以防止砼在运输中受到强烈震动。

在整个运输过程中，应满足下列基本要求：①防止砼拌合物发生离析，否则将失去均匀性，难以振捣密实；②防止水泥砂浆损失，运输砼工具严禁漏浆或吸水；③防止产生初凝，初凝后的砼可塑性降低，影响上下层结合，并且无法振捣密实。

（3）砼浇注。使用溜槽将砼滑运至基底，并用振捣器捣实，做到搅拌均匀，振捣密实不漏震。砼施工要求冬季混凝土温度不得低于 5℃，出机温度不低于 10℃。

（4）养护。砼在浇注完毕达到初凝后，及时进行洒水养护，采用湿麻袋或草席覆盖，洒水保持其表面湿润状态，以保证水泥水化时的温度和湿度，创造良好的砼硬化条件。其养护时间不得少于 14 天。

6. 浆砌石工程施工

施工准备→测量放样、建基面处理→报验→试放（大小搭配）→浆砌石砌筑→水泥砂浆勾缝→养护→验收。

（1）浆砌石砌筑。

① 采用铺浆法砌筑，砂浆稠度应为 30～50mm，当气温变化时应适当调整。

② 采用浆砌法砌筑的砌石体转角处和交接处应同时砌筑，对不能同时砌筑的面必须留置时间断处，并应砌成斜槎。

③ 砌石体尺寸和位置的允许偏差不超过《砌体结构工程施工质量验收规范》（GB 50203—2011）中的相关规定。块石单轴饱和抗压强度一般应不小于 35MPa，干密度不小于 $2.4g/cm^3$。

（2）水泥砂浆勾缝及养护。

① 采用水泥砂浆作为防渗时，防渗用的勾缝砂浆应采用细砂和较小的灰比，灰砂比控制在 1∶1 至 1∶2。

② 防渗用砂浆应采用 32.5 以上的普通硅酸盐水泥。

③ 清缝应在料石砌筑 24 小时后进行，缝宽不小于砌缝宽度，缝深不小于缝宽的 2 倍，清缝前必须将柄缝冲洗干净，不得残留灰渣和积水并保持缝面湿润。

④ 勾缝砂浆必须单独拌制，严禁与砌体砂浆混用。

⑤ 当勾缝完成和砂浆初凝后，砌体表面应刷洗干净，至少用浸湿物覆盖保持 21 天，在养护期间应经常洒水，使砌体保持湿润，避免碰撞和振动。

7. 自嵌式挡土墙渠道施工

（1）第一层砌块应放置在垫层（基础）上；第一层砌块必须铺设平整。对放好的砌块进行沿墙纵向平直度和平面水平度检查。为确保墙体的施工质量，第一层砌块的摆放是非常重要的。施工人员应确保砌块与垫层完整接触。按照墙体放线位置逐一并肩摆放砌块，可通过拉线进行放线。对于弧形挡土墙，可根据生产厂家的推荐意见进行摆放。检查沿墙纵向的平直度与平面的水平度，若不符合要求则进行调整。锚固钢筋插入锚固孔（加强孔等）时一定要对好位置，如对不好位置则将块体前后左右移动即可插入；对于墙体内外弧拐角处块体可依据实际情况，进行切割处理。

（2）在前一层砌块锚固孔中置入锚固钢筋并浇灌混凝土→放置第二层砌块，且位置摆放正确→在第二层砌块中按设计要求置入锚固钢筋并浇灌混凝土→放置第三层砌块，且位置摆放正确→植生孔填土并预埋缓释肥→循环作业到墙顶，放置挡土墙（顶）砌块。

8. 土方回填夯实

（1）夯实前首先清除渠床内的树根、淤泥、腐质土、垃圾及隐藏的暗管砖石等。

（2）回填夯实采用分层夯实的方法，每层铺土厚度≤30cm，铺土要均匀平整。若土壤比较干燥应采用洒水的方法调节土壤含水量；若土壤含水量较大应采用排水、晾晒、换土等方法以使含水量控制在适宜范围之内。

（3）夯实机械为蛙式打夯机或其他能达到相同质量要求的机械，不得使用立柱石夯。单层夯实遍数不得少于 4 遍，应杜绝漏夯、虚土层、橡皮土等不符合质量要求的现象。

（四）田间道路工程

1. 路基土方施工

田间道路路基与土方施工按照“施工准备→测量放样→基底填前处理→分层填筑→摊铺平整→碾压夯实→路基整形→检测签证→边坡修整→合格签证”的程序组织施工。

（1）施工准备。对施工范围内的植物、垃圾、有机质进行清理，排除地表水等。

（2）测量放样。对新建田间道路（机耕路、生产路）放出中心线（或边线），并每隔50m钉好木桩，测量出横断面及桩位高程，做好记录以保存备查。对整修道路在严格按设计横断面和纵断面放线的基础上，需要裁弯取直的应取直。

（3）基底填前处理及夯实。清走表层土后，在设计涵管埋放处先进行涵管放线与铺设，以减少以后工程开挖量。根据设计规格尺寸，需要填补土方的应先填筑土方，然后用机械整平、分层压实至并整形设计高程。

（4）路基整形、边坡修整。按设计要求进行路基填筑，并先用震动压路机静压进行稳压，然后再震动压实，压路机碾压轮重叠轮宽的1/3～1/2，震动压路机震6～8遍，碾压范围包括路面及两侧边坡范围；碾压到位后对边坡进行修整。

（5）检测签证。报甲方现场代表和监理现场查验断面尺寸是否达到设计要求、填料土质是否在合格标准内、压实度是否达到标准（填方高度0.80～1.50m不小于93%，填方高度0.8m以内不小于94%）、边坡坡度是否不陡于设计，合格后签字认可。

（6）合格签证。报甲方现场代表和监理现场查验压实后垫层厚度、材料强度和压实密度是否达到设计要求，合格后签字认可。

2. 路面及垫层施工

根据设计路面、垫层材质要求合理确定路面及垫层施工工艺。按照"施工准备→测量放样→碎石运输→摊铺机或人工摊铺整平→碾压→检测"的程序组织施工。

碎石路面施工程序：放线→报验→摊铺碾压→报验。

（1）在验收合格的路基上，先用经纬仪放出道路边线，并按每50m设置木桩，用水准仪测量高程，然后根据设计高程和设计砂砾石厚度测设出桩顶高程，在相邻木桩间牵胶线连接作为样线。

（2）报甲方现场代表和监理现场查验样桩布置是否符合/达到要求，合格后签字认可。

（3）路面材料先摊铺，然后用压路机碾压。

（4）整理资料，报甲方现场代表和监理查验路面砂砾石压实度是否达到标准（95%）、路面横坡是否达到设计要求（5%）、表观质量是否在合格标准内，认可后进行工程计量。

（五）渠系建筑物

渠系建筑物包括涵洞、水闸、人行桥等，按建筑物结构大体分3种类型：预制砼、现浇砼、砌体结构等。建筑物的布置应保证水流通畅、功能明确。

渠系建筑物施工基本程序：放样→基底垫层→报验→建造主体→报验→支模→钢筋铺设与验筋→整理资料报验。

（1）以验收合格后沟渠基底为基准高程。按设计规格尺寸在所建位置以平行沟（渠）为标准，放出垂直沟（渠）中心线，并在固定位置钉一木桩（弯道处对准圆心），桩顶用钉子放出准确位置，再按超过建筑物平面设计尺寸开挖基础，最后平整基底。

（2）基底按设计要求先铺10cm厚的卵石，再按要求现浇10cm厚C25砼垫层。

（3）报验甲方现场代表和监理查验是否按要求布设样线、地基承载力是否达到要求、垫层厚度与强度是否达到要求，合格后在报验单上签字认可，方可进行下一步施工。

(4) 建造主体：按渠系道路建筑物包括桥、涵、闸、泵站等分部工程施工的类型操作。

1) 现浇砼施工。按设计要求尺寸施工，在施工时必须采用竹夹板或钢板标准模具一次成型。在砼现浇时必须用振动器具振捣密实至泛浆，保证表面光滑，不能出现走模或蜂窝麻面等现象。

2) 砼砖砌体施工。要求用 M7.5 水泥砂浆满砌砖，不能有通缝现象。面层采用 M12.5 厚砂浆将表面粉光，任何部位均达到面平、角线直。

3) 砌筑块石施工。必须做到砌体砂浆饱满平整，块石之间不得有直接接触现象，砌体完成后表面要求勾凸缝，缝宽宜为 1.5cm。

4) 涵管（洞）施工。涵洞墩台基础和台身的砌筑与圬工桥相同，对于简易机耕桥洞，边墙砌好之后即可架设预制砼盖板或设置模板浇筑钢筋混凝土。

① 钢筋砼预制涵管，安装涵管之前要按设计规定做好基础处理和砼基垫。安装涵管时，必须采用标准预制砼管（或钢筋砼高压涵管）。安装时使用起重机最为方便，如没有这种设备可用简单的木门架、木马凳上挂链滑车来吊装。涵管的衔接按设计采用 M12.5 水泥砂浆包封，封口外凸起、内平管内径。接缝宽 3cm（管与管之间），封口外凸起宽 10cm、厚 5cm，有设计图纸的按图纸施工。

② 涵管直径在 30cm 以内（含 30cm）的田间进出水涵，一头设经门闸，另一头按设计要求做管头。经门闸及管头必须达到棱角分明、面平、角线直的要求。

③ 涵管（洞）的回填土应尽量选择质地均匀［不含过大（砾）石块］及物理性质与涵基附近土壤性质一致的土壤，填土工作应从两侧沿全长分层（每层不超过 15～20cm）均衡地进行和仔细地捣实。

(5) 报验甲方现场代表和监理查验轴线是否达到标准（50mm）、设计尺寸是否达到要求、结构强度是否达到设计标准、隐蔽工程施工程序是否到位、表观质量是否在合格标准以内，合格后再清场。

(6) 对钢筋砼结构，应先铺设经实验合格的钢筋（钢筋铺设严格按设计图，不得随意改变钢筋的布置与型号），并经甲方现场代表和监理现场验筋，查验钢筋合格证明、钢筋型号与布置是否符合设计要求，合格后签字认可，方能进行砼浇筑。

(7) 安装配件。要求活动部分要活动自如，固定部分要达到牢固结实的标准，有防漏要求的配件，安装时应做止漏处理。

(8) 整理资料，报甲方现场代表和监理查验规格尺寸是否满足设计要求、强度是否达到设计强度、表观质量是否在合格标准内、建筑整体与渠道（道路）是否融合，合格后进行工程计量（隐蔽工程必有监理签证资料）。

二、高标准农田运营与管理

高标准农田建设，“三分靠建、七分靠管”。在管护措施上，按照“谁受益、谁管护，谁使用、谁管护”的原则，项目验收合格后及时将工程移交给管护主体，同时签订管护协议，由管护主体按要求进行建后管护。同时，积极探索推行骨干工程运行维护的专业化管理，依托村级集体组织和专业合作社，创新田间工程运行管护模式。湖南省从省级财政资金中安排不超过财政资金总额1.5%的资金用于后期管护，真正解决了管护资金来源问题。积极推广村集体经济组织“统管模式”、新型主体“托管模式”、专业队伍“专管模式”，推进投资、建设、运营、管护一体化发展。

第二节 小农水建设与管护

2022年，长沙市遭遇了历史罕见旱情，多处粮田因“最后一公里”农田渠道年久失修而无法引水灌溉，导致粮食减产，甚至颗粒无收。长沙市委、市政府在全面了解全市农田水利设施现状后，于2022年8月25日市委常委会会议决定启动长沙市小农水项目建设。在市委、市政府统一部署下，按照“突出重点、注重质量、形成体系、确保安全”的总要求，“统一规划、统一标准、统一奖补、统一验收、统一管护”的总原则，以“项目标杆、时代印记”为总目标，以“照标建设、定额奖补、区县配套、四级联动、有序推进”为总任务，以小农水项目连续2年列入“长沙市重点民生实事项目”为契机，长沙市农业农村局有序推进小农水项目建设。

截至2025年6月，长沙市农业农村局项目分4批次建成小农水项目992个，市县两级财政投入共计3.64亿元，其中市本级财政奖补资金2.10亿元，区县财政配套奖补资金1.54亿元。长沙市共新建小型沟渠1064km、小型闸坝148处、小型机埠210处，有效改善农田灌溉面积约35万亩，恢复抛荒耕地近1.10万亩。建成的项目整体质量水平高、应用效果明显、群众满意度高。

一、严把质量关，统一建设标准

1. 集中培训

在项目实施过程中，组织对区县（市）小农水专班工作人员、乡镇分管领导、小农水专干及项目申报主体负责人开展集中培训。对图集要求、申报政策、项目全过程管理、技术标准、建设工艺等进行全方位解读，统一了建设标准、施工程序。截至2024年底，长沙市小农水项目建设管理培训班已举办7期，共1300余人次参训。参训人员积极踊跃，每期实际到训人数都超过预计人数，培训达到预期效果。在巡查过程中，大部分实施主体反映，在培训前，对项目实施一头雾水，对施工单位监管无从下手；培训后，根据图集建设标准，严格要求施工单位。宁乡市煤炭坝镇贺石桥村党驻村第一书记邹旭红表示：“我反正就拿着《长沙市小型农田水利设施项目设计图集》，根据培训做的笔记要求施工单位。我的目标就是做精品工程!”

2. 合理布局

在项目审批前，先对所有申报的项目进行实地勘查，保证项目的真实性、合理性，确保项目布局科学、选型合理、效益明显，争取项目成体系建设，达到建一片成一片，让有限的资金发挥最优的效益。

3. 狠抓质量

为确保每批项目按质按量如期完成，长沙市农业农村局成立联合巡察组对长沙市批复立项的项目逐一进行 2 轮巡查，针对存在的问题，逐轮向各区县下达巡查整改意见，结合发现的普遍性问题，整理下发《关于小农水项目监管巡查的工作提示》。自项目启动以来，长沙市共发出 7 期巡查问题整改交办清单和 1 轮施工重点注意事项提醒函，共计交办各类问题 1600 余条；对于质量不达标且无法整改的项目，坚决要求拆除重建，2024 年度长沙市在建项目拆除不合格渠道 10 余条、拆除不合格检查井 4 座、拆除不合格闸阀井 2 座。

二、严守作风线，健全管理体系

1. 打造素质过硬的队伍

在长沙市农业农村局党组的大力支持下，小农水专班组建了一支工作认真、作风优良的队伍，由长沙市农业农村局分管副局长亲自挂帅，局调研员全程指导，抽调局相关处室负责人和局属单位相关技术人员组成工作专班，设置专职统筹建设管理组和项目工程建设巡察组，专班分工明确、相互协助，全力推进项目落地。同时，各区县（市）农业农村部门相应成立工作专班，项目所涉镇、村责任到人，全市上下“一盘棋”，按照《长沙市小型农田水利设施建设项目管理办法》要求，各负其责，管理体系进一步完善。

2. 树立优质的服务理念

专班始终坚持建设百姓急用要用的小型农田水利设施项目、以解决基层困难为出发点，狠抓建设质量，确保项目实效。在项目铺排和建设管理的各个环节，扎实的工作作风和清正廉洁的工作纪律，均是建设质量和项目实施的有力保障。目前，基层管理项目过程中说得最多的就是：“只要能按图集标准建设，只要经得起市局小农水专班的钢钎考验，那么这个项目质量就一定不会差。”“小农水建设的巡查是我们最欢迎的上级巡查，是给我们做技术指导的，是真正地干了实事。”

3. 建立完善的管理机制

坚持每个项目 4 轮现场核查。首先，在项目审批过程中，每个项目都进行现场踏勘，先复核项目布局真实性、合理性，再科学审批；其次，在项目建设过程中，每个项目必须有 2 轮质量、进度巡查，及时监督项目建设质量，督促项目建设进度，提供技术指导；最后，在项目建设完成后，组织市县两级对项目联合验收，精准复核工程数量、质量，对每个项目做到公平公正。

三、严塑形象点，收获社会好评

小农水项目建设受到社会各界的纷纷点赞。湖南省人大代表、望城区高塘岭街道的种粮大户彭兴辉表示，小农水项目建成区排水效果明显优于非建设区域，“双抢”中，原来灌溉 1 个村民小组的农田需要 3 天，现在 1 天就灌满了，灌水效率提高了 60%以上。宁乡市煤炭坝镇贺石桥村保安塘组 71 岁的杨菊亮老人是一位老党员、伤残退伍军人。他激动地说：“渠道修得漂亮，质量过得硬，水流非常顺畅，给耕作带来了极大的便利，感谢政府的好政策。”更有全市上下各级点赞长沙小农水项目：“建设水平高，应用效果好，的确是为老百姓干实事的项目。”

"小农水造福百姓，办实事一心为民""小农水恩泽百姓，大实惠造福千家""优质工程惠民生，精益求精解民忧"等锦旗送至验收现场，送至田间地头，无不表达了广大受益群众对民生工程的感激之情。

四、意见与建议

1. 加强项目储备，科学铺排项目

利用建设空档期，建立项目储备库，提早进行项目踏勘。根据踏勘结果对项目轻重缓急进行排序，对基层项目铺排不合理情况进行及时调整，同时也能够缩短项目申报过程中的审批时间。

2. 加强技术指导，提高建设水平

继续加大建设培训力度，在建设管理培训的基础上，将小农水建设标准、全套工艺流程、施工细节、注意事项等拍摄成短视频，借助"长沙农业农村"视频号发布"农农开讲"短视频，各区县（市）、乡镇以此组织实施主体、施工负责人等进行项目建设专题培训，提高一线人员的建设水平。

3. 压实各级责任，提升管理水平

继续加大项目管理力度，进一步压实区县（市）、乡镇和村级管理责任，从项目布局阶段开始就以"精品工程"的标准严格要求，狠抓项目质量与形象，不断提升项目建设标准，最大限度提高项目实效。

4. 吸纳各方意见，及时总结提升

根据巡查和调研过程中基层的反馈意见，不断完善项目管理办法和申报指南，结合现场实际情况和需求，修缮标准图集，按市场价格及时调整项目建设奖补单价。

老百姓的赞扬，既是怀揣着对市委、市政府正确决策的肯定，又是对"小农水人"上下齐心努力的褒奖，更是对未来的期待。长沙市将乘势而上，带领全市"小农水人"再接再厉，以更扎实的工作作风、更完善的工作制度，打造可复制的小农水建设"长沙模式"，将全市小农水项目建设工作推向更高台阶，以实际行动践行"红旗渠"精神，为全市粮食安全保驾护航。

第三节　多措并举提升耕地地力水平

习近平总书记指出："耕地是粮食生产的命根子，是农业生产的基础，是中华民族永续发展的根基。"习近平总书记多次强调，粮食安全是"国之大者"，耕地是粮食生产的命根子，要落实藏粮于地、藏粮于技战略，切实加强耕地保护，全力提升耕地质量。近年来，长沙市农业农村部门依托高标准农田建设、省市绿肥生产专项、部级绿色种养循环农业试点项目、长沙市"一场三池"建设、长沙市粮食生产"四高"试验示范等项目建设，扎实推进绿肥种植、有机肥施用、粪肥还田、秸秆还田、深松深耕等措施落实落地，全力提升耕地地力水平，助力粮油等主要作物的大面积单产提升。

一、主要措施

（一）大力发展绿肥生产

绿肥是优质有机肥源。种植绿肥还田既是促进化肥减量、提升耕地质量的主要措施，也是落实“藏粮于地”的重要举措。近年来，长沙市安排绿肥专项资金，依托有关项目建设，通过示范带动，加强技术指导，扎实推动绿肥生产工作落实落地，并取得实效。

一是领导高度重视，安排专项资金。2022 年以来，省市县政府及农业农村部门高度重视绿肥生产工作，在当前各级财政如此紧张的情况下，省级安排长沙市 200 万元、市级安排 180 万元绿肥专项资金用于支持长沙绿肥生产。

二是精心制定方案，明确目标任务。市级政府每年及时制定并印发《全市绿肥生产工作方案》，将 30 万亩绿肥生产任务分解至各区县（市）。各区县（市）制定相关方案，将绿肥生产任务进一步分解到各乡镇（街道）。

三是通过示范引领，带动绿肥种植。2022—2024 年，利用省、市安排的绿肥专项资金在全市创建了 33 个绿肥生产千亩示范片、165 个绿肥生产百亩点，示范带动全市三年完成 98.39 万亩绿肥种植。

四是依托有关项目，推动绿肥种植。依托新建高标准农田建设、长沙市粮食生产“四高”试验示范等项目建设，推动，长沙市绿肥生产工作。2022—2024 年，长沙市新建高标准农田建设项目播种绿肥 14.12 万亩，长沙市粮食生产“四高”试验示范项目播种绿肥 9.58 万亩。另外，不少种植主体响应当地政府号召种植了部分绿肥。

五是强化技术指导，引导种好绿肥。近年来，长沙市农业技术推广中心制定并下发《长沙市绿肥生产技术指导意见》《当前油菜和绿肥抗干旱防寒潮技术指导意见》《进一步做好稻田绿肥生产的技术指导意见》，拍摄绿肥生产技术指导视频，及时加强宣传引导，并在绿肥播种、开沟、春管、翻压等关键时期，加强调研指导，引导种植主体种好绿肥、科学利用好绿肥。

（二）大力推广有机肥施用

一是依托浏阳市绿色种养循环农业试点项目县建设，扎实推动畜禽养殖粪水（粪肥）还田利用。自 2021 年 6 月浏阳市入选全国绿色种养循环农业试点县市以来，共投入部级项目资金 3700 万元，累计粪肥还田 155.04 万 t，覆盖作物面积 43.34 万亩次，实现化肥减量 4305.52t（折纯）。

二是依托“一场三池”（畜禽养殖场和厕所化粪池、养殖场粪污储存池、沼气池）项目建设，推进粪肥还田利用。自 2024 年项目启动以来，已投入市级财政资金 400 万元，“一场三池”项目建设推动全市粪肥还田 5.62 万 t，覆盖作物面积 1.88 万亩，减少化肥用量 18.85t（折纯）。

三是依托高标准农田建设项目，推进有机肥施用培肥地力。2022 年以来，长沙市高标准农田建设项目配套施用有机肥面积 24.55 万亩。

四是在推动化肥减量增效工作中，鼓励引导果蔬菜、花卉苗木种植主体施用商品有机肥、粪肥、堆肥等有机肥。2022—2024 年，长沙市累计施用有机肥（包括商品有机肥、粪肥、堆肥）179.65 万 t，农作物施用有机肥（粪肥）面积 330.52 万亩次。

（三）大力加强秸秆还田利用

2022 年以来，长沙市每年制定并下发《长沙市农作物秸秆禁烧及综合利用行动计划》《长沙市油菜收割期间秸秆禁烧巡查方案》《中晚稻收割及大气污染特护期秸秆禁烧巡查方案》等文件，扎实抓好秸秆禁烧工作，全面促进农作物秸秆还田利用，全面提升耕地有机质含量。坚持把农作物秸秆就地还田作为秸秆综合利用的主要方向，严禁在田间地头随意焚烧秸秆。大力推广秸秆粉碎还田技术，严格管理好本地及外来收割机械，必须加装碎草装置才能下田作业。积极争取省、市、县相关农机购置补贴政策和资金，对加装的碎草装置进行购置奖补，确保全市登记在册收割机 100%加装碎草装置。同时，鼓励秸秆快速腐熟还田、覆盖还田、过腹还田等技术，提高秸秆资源肥料化利用水平。长沙市每年农作物秸秆还田面积超过 475 万亩次，秸秆还田肥料利用率超过 85%。

（四）大力实施深松深耕

深耕通过犁田深层翻土等方法，可增强土壤透气性、保水性及肥力，一般控制在 18～20cm。深松则是一种仅疏松土壤而不翻转土层的深耕方式。其深度为 30cm 以上。深耕的主要作用：①疏松土壤，加厚耕层，改善土壤的水、气、热状况；②熟化土壤，改善土壤营养条件，提高土壤的有效肥力；③建立良好土壤构造，提高作物产量；④消除杂草，防除病虫害。深松的主要作用：①打破犁底层，加深耕层、熟化底土，利于作物根系深扎；②不翻土层，后茬作物能充分利用原耕层的养分；③不破堰，不形成犁沟。长沙市主要依托新建高标准农田建设项目和烤烟种植项目，扎实推进农田深松深耕工作落实落地。2022—2024 年，长沙市实施深松深耕农田 53.83 万亩。

（五）持续开展测土配方施肥

2022 年以来，长沙市农业技术推广中心组织对全市重点粮食生产区逐年逐片抽样取土检测，共采集送检农田土壤样品 687 个，主要检测土壤有机质、全氮、全磷、全钾、碱解氮、有效磷、速效钾含量及 pH 等 8 项指标。检测结果：①整体上来看，长沙市农田土壤酸碱度适宜（pH 约为 5.7），有机质含量较高（含量约为 33g/kg，属于二级水平），全氮含量较高（含量约为 1.8g/kg，属于二级水平），有效磷含量一般（含量约为 13.9mg/kg，属于三级水平），速效钾含量一般（含量约为 116mg/kg，属于三级水平）。②分区域来看，长沙县农田土壤养分水平与全市整体水平比较接近；望城区农田土壤酸碱度适宜，有机质和全氮含量较高，有效磷含量较低（含量约为 6.5mg/kg，属于四级水平），速效钾含量一般；浏阳市农田土壤酸碱度适宜，有机质和全氮含量一般，有效磷和速效钾含量较高；宁乡市农田土壤酸碱度适宜，有机质和全氮含量较高，有效磷含量一般，速效钾含量较低（含量约为 80mg/kg，属于四级水平）；湘江新区农田土壤酸碱度适宜，有机质和全氮含量较高，有效磷含量较低（含量约为 7mg/kg，属于四级水平），速效钾含量较低（含量约为 75mg/kg，属于四级水平）。取土测土结果应用：自 2023 年晚稻季起，结合取土、测土检测数据，目标产量（早稻亩产 500kg，晚稻亩产 550kg，一季稻亩产 600kg），水稻需肥规律，施肥方式等，提出水稻科学施肥技术指导意见。

二、主要成效

（一）土壤有机质含量提升明显

一是长沙市60个省级耕地质量监测结果表明，长沙市耕地土壤有机质含量2023年（35.41g/kg）比2022年（32.05g/kg）提高了10.48%。二是长沙市农业农村部门2023年与2024年分别采集了340个与206个农田土壤样品进行检测，对比分析结果表明，农田土壤有机质含量2024年（33.48g/kg）比2023年（33.33g/kg）提高了0.45%。

（二）耕地质量等级稳中有升

多年来，长沙市通过高标准农田建设、农作物秸秆还田、种植绿肥、有机肥（粪肥）还田、深松深耕、水旱轮作等措施，持续加强耕地质量建设，全市耕地质量处于较高水平。湖南省土壤肥料工作站反馈的有关数据表明，2023年末长沙市耕地质量等级为4.49，较2022年末提升了0.03个等级。

（三）促进农业可持续发展

农药化肥双减促进了绿色农业质量提升。以2023年为例，长沙市农用化肥施用量和折纯量分别同比减少2.16%和1.31%；化学农药使用量和折纯量分别同比减少3.04%和3.55%；化肥施用强度17.71kg/亩（纯量），低于全国平均水平（19.90kg/亩）。耕地地力提升促进了农作物产量与品质齐升。粮食生产“四高”试验示范助力长沙市2023年粮食单产达459.75kg/亩，比2022年增长2.1%，创近12年新高；大力推动优质稻米品牌建设，打造了市级以上大米加工龙头企业45家，省级以上“放心粮油示范企业”11家。农业面源污染的控制和减少，保护了农业生态环境，为农业的可持续发展提供了保障。

第四节　水稻主导品种筛选试验示范

水稻作为长沙市主要粮食作物，其产量和品质直接关系到粮食安全与农民收益。为应对不断变化的气候条件、土壤环境，以及满足市场对优质稻米的需求，开展水稻主导品种筛选试验及示范意义重大。过去，市场上水稻品种繁多，但部分品种存在适应性差、产量不稳定、品质不高等问题，影响了水稻产业的可持续发展。据统计，1982—2008年，我国通过国家级和省级审定的水稻品种5338个，其中通过国家级审定的548个，通过省级审定的4790个。然而，随着审定品种数激增，品种间同质化严重，水稻品种“多乱杂”问题日益突出，严重影响了粮食生产的高质量发展。因此，迫切需要筛选出适合本地种植的高产、优质、抗逆性强的水稻主导品种，帮助种植户解决品种选择盲目、同质化种植等难题，推动水稻产业高质量发展。

一、试验示范目标

（1）筛选出适宜长沙地区不同生态条件和种植模式的高产、稳产水稻品种，确保粮食产量稳定增长。

（2）鉴定品种的抗逆性，包括抗病、抗虫、抗倒伏、耐旱、耐寒等特性，降低自然灾害对水稻生产的影响。

（3）评估稻米品质，如外观品质、蒸煮食味品质、营养品质等，满足市场对优质稻米的需求。

（4）通过试验示范，建立品种评价标准和技术体系，为水稻品种推广和种植结构调整提供科学依据。

二、试验设计与实施

试验地点选择。试验点严格按照长沙市不同生态条件类型进行布局，分别在长沙县、望城区、浏阳市、宁乡市设置试验点。这些地区涵盖了平原、丘陵、山地等不同地形，土壤类型多样，气候条件具有代表性，能够全面反映品种在不同环境下的表现。

试验分组与品种设置。按照长沙市耕作习惯，设置早稻、中稻、晚稻、再生稻等多个组别，广泛征集近年来审定的水稻新品种，包括杂交稻和常规稻。在 2023 与 2024 年的试验中，分别征集了多个育种单位和种业公司的 109 与 82 个品种。

试验设计。采用随机区组设计，设置 3 次重复，以减少试验误差。小区面积根据不同试验要求设定，品比试验小区面积为 $30m^2$，生产试验小区面积为 $667m^2$；合理设置对照品种：早稻对照品种为株两优 819，中稻对照品种为 Y 两优 1 号，晚稻对照品种为岳优 9113，再生稻对照品种为 Y 两优 911，为参试品种提供对比标准。

栽培管理措施。统一播种移栽时间，早稻和再生稻在 3 月 10—20 日播种，中稻在 5 月 10—20 日播种，晚稻在 6 月 15－20 日播种，确保试验条件一致；采用统一的育秧方式，品比试验采用水育秧、人工移栽，生产试验采用机插秧或有序机抛秧；合理施肥，根据不同生育期和品种特性确定施肥量和施肥时间，保证水稻生长所需养分；加强田间管理，及时防治病虫害，注意防除杂草，采取有效措施防止鸟、鼠、禽、畜等危害试验。

三、试验结果

（一）长沙市 2023 年水稻优良品种名单

1. 早稻品种

陵两优 1785、锦两优 128、欣荣优 123、株两优 189。

2. 中稻品种

臻两优 5438、卓两优 1126、玮两优 7713、珂两优 1019、T 两优 789、望两优 815、臻两优钰占、玮两优 6018、隆两优 1212、万丰优 818。

3. 晚稻品种

扬泰优 128、五乡优粤农丝苗、伍两优 8549、五优蒂占、济优 6553、泰优 390、桃优香占、恒丰优金丝苗。

4. 再生稻品种

恒丰优粤农丝苗、甬优 4949、万丰优丝占。

（二）长沙市2024年水稻优良品种名单

1. 早稻品种

柒两优785、中早83、潭两优215。

2. 中稻品种

煌两优715、太两优香五、文两优丝、徽深两优新占、晶两优5438、玮两优8549、昌两优香久久、昌两优香丝、昌两优馥香占、浙大荃优1610、隆两优8612、玮两优8612、晶两优1377、吨两优900、晶两优534、晶两优8612、贡两优粤农丝苗。

3. 晚稻品种

荷优五香、3两优911、振两优8549、天两优55、香禾优明月丝苗、扬泰优5009、汉两优801、吨两优丝占、恒两优南晶香占、协禾优822、香两优馥香占、银两优851、清莲丝苗、安两优2号、韶香100、玉针香、农香42、野香优莉丝。

四、部分主导品种简介

水稻主导品种筛选试验示范通过与长沙市粮食生产“四高”试验示范有机融合，每年根据生产需求和市场变化，持续开展水稻品种筛选试验，及时更新主导品种，建立长效的“试验—示范—推广”机制。在示范环节，结合“四高”技术措施，通过建设千亩核心示范片、万亩综合试验区和十万亩辐射带动区，集中展示新品种、新技术的综合应用效果，吸引农户参观学习；在推广阶段，依托基层农技推广体系，将筛选出的优良品种和配套技术快速推广到广大农户手中，构建了“良种支撑技术、技术提升产量、产量带动效益”的现代农业闭环，推动长沙市粮食生产持续向“四高”目标迈进。以下为长沙市部分水稻主导品种相关简介。

陵两优1785（湘审稻20190001）：籼型两系杂交早稻中熟品种。在湖南省作中熟早稻栽培，全生育期112.0天，比对照品种株两优819长0.5天，株高87.2cm，亩有效穗数21.9万穗，每穗总粒数128.0粒，结实率79.1%，千粒重28.5g。抗性：叶瘟4.0级，穗瘟5.4级，穗瘟损失率3.0级，稻瘟病综合抗性指数3.9，白叶枯病7.0级。米质主要指标：出糙率80.7%，精米率70.7%，整精米率56.3%，粒长6.6mm，长宽比2.9，垩白粒率62.0%，垩白度17.1%，透明度2级，碱消值5.0级，胶稠度60.0mm，直链淀粉含量17.2%。

欣荣优123（湘审稻2015003）：籼型三系杂交中熟早稻，在湖南省作双季稻栽培，全生育期111.9天。株高88.9cm，株型适中，生长势强，叶姿直立，叶鞘紫红色，稃尖紫红色，无芒，叶下禾，后期落色好，每亩有效穗数20.4万穗，每穗总粒数134粒，结实率82.5%，千粒重25.0g。抗性：叶瘟4.2级，穗颈瘟5.7级，稻瘟病综合抗性指数4.0，白叶枯病6级。米质：出糙率79.7%，精米率70.3%，整精米率49.0%，粒长6.2mm，长宽比2.7，垩白粒率15.0%，垩白度4.2%，透明度2级，碱消值3.5级，胶稠度79mm，直链淀粉含量16.0%。

臻两优8612（国审稻20206139）：籼型两系杂交水稻品种。在长江中下游作一季中稻种植，全生育期133.8天，比对照品种丰两优四号晚熟2.1天。株高127.2cm，穗长

26.3cm，每亩有效穗数15.8万穗，每穗总粒数211.3粒，结实率82.7%，千粒重26.3g。抗性：稻瘟病综合抗性指数2年分别为2.8、2.8，穗颈瘟损失率最高级3级，白叶枯病7级，褐飞虱9级，中抗稻瘟病，感白叶枯病，高感褐飞虱，抽穗期耐热性一般。米质主要指标：整精米率70.4%，垩白度1.9%，直链淀粉含量15.7%，胶稠度69.0mm，碱消值3.3级，长宽比2.9。

太两优香五（国审稻20220175）：籼型两系杂交水稻品种。在长江中下游作一季中稻种植，全生育期135.0天，比对照品种丰两优四号晚熟2.4天。株高119.0cm，穗长27.0cm，每亩有效穗数15.0万穗，每穗总粒数224.2粒，结实率78.2%，千粒重26.0g。抗性：稻瘟病综合抗性指数2年分别为3.8、3.9，穗颈瘟损失率最高级5级，白叶枯病5级，褐飞虱9级，中感稻瘟病，高感褐飞虱，中感白叶枯病。米质主要指标：出糙率79.0%，整精米率62.0%，粒长7.3mm，长宽比3.8，垩白度2.0%，透明度1级，碱消值6.2级，胶稠度72.0mm，直链淀粉含量16.9%，达到农业行业标准《食用稻品种品质》（NY/T 593—2021）二等指标。

卓两优1126（国审稻20210281）：籼型两系杂交水稻品种。在长江中下游作一季中稻种植，全生育期135.7天，比对照品种丰两优四号晚熟2.4天。株高124.1cm，穗长26.6cm，每亩有效穗数15.9万穗，每穗总粒数263.4粒，结实率78.4%，千粒重22.7g。抗性：稻瘟病综合抗性指数2年分别为4.2、3.2，穗颈瘟损失率最高级5级，白叶枯病5级，褐飞虱9级，高感褐飞虱，中感稻瘟病，中感白叶枯病，抽穗期耐热性一般。米质主要指标：整精米率62.9%，垩白度0.6%，直链淀粉含量18.6%，胶稠度62.0mm，碱消值7级，达到农业行业标准《食用稻品种品质》（NY/T 593—2021）二等指标。

玮两优8612（国审稻20206128）：籼型两系杂交水稻品种。在长江中下游作一季中稻种植，全生育期133.3天，比对照品种丰两优四号晚熟1.5天。株高122.6cm，穗长25.8cm，每亩有效穗数15.4万穗，每穗总粒数212.3粒，结实率84.3%，千粒重25.8g。抗性：稻瘟病综合抗性指数2年分别为2.8、3.1，穗颈瘟损失率最高级3级，白叶枯病7级，褐飞虱9级，中抗稻瘟病，感白叶枯病，高感褐飞虱，抽穗期耐热性一般。米质主要指标：整精米率63.6%，垩白度2.0%，直链淀粉含量16.0%，胶稠度68.0mm，碱消值3.6级，长宽比3.2。

晶两优534（国审稻2016605）：籼型两系杂交中稻品种，2014年参加长江中下游中籼迟熟组区域试验，全生育期136.9天，比对照品种丰两优四号长0.4天。每亩有效穗数16.2万穗，株高120.1cm，穗长25.3cm，每穗总粒数200.5粒，结实率85.9%，千粒重23.9g。抗性：稻瘟病综合抗性指数2.1，穗瘟损失率最高级1级，白叶枯病5级，褐飞虱9级，抗稻瘟病，中感白叶枯病，高感褐飞虱。米质主要指标2年综合表现：整精米率68.0%，长宽比3.1，垩白粒率9.0%，垩白度2.8%，胶稠度79.0mm，直链淀粉含量16.0%，达到国家标准《优质稻谷》（GB/T 17891—2017）二等指标。

Y两优911（湘审稻20180043）：籼型两系杂交晚稻迟熟品种。在湖南省作迟熟晚稻栽培，全生育期119.8天，比对照品种天优华占短3.3天。株高105.4cm，每亩有效穗数18.9万穗，每穗总粒数177.6粒，结实率84.7%，千粒重23.4g。抗性：叶瘟3.5级，穗瘟 5.4 级，穗瘟损失率 2.9 级，稻瘟病综合抗性指数 3.7，白叶枯病 5.0 级，稻曲病 5.0 级。米质主要指标：糙米率 81.1%，精米率 73.3%，整精米率 71.2%，粒长 6.5mm，长宽比 3.1，垩白粒率 12.0%，垩白度 1.7%，透明度 1 级，碱消值 5.0 级，胶稠度 62.0mm，直链淀粉含量 16.0%。米质综合定级为国家标准二级优质稻。

3 两优 911（湘审稻 20243021）：籼型两系杂交晚稻中熟品种。在湖南省作中熟晚稻栽培，全生育期 110.5 天，比对照品种岳优 9113 短 1.3 天。株高 108.0cm，每亩有效穗数 19.6 万穗，每穗总粒数 176.5 粒，结实率 82.2%，千粒重 23.4g。抗性：叶瘟 3.0 级，穗瘟 5.0 级，穗瘟损失率 3.0 级，稻瘟病综合抗性指数 3.5，白叶枯病 6.0 级，稻曲病 4.5 级，稻飞虱 9.0 级。米质主要指标：出糙率 82.2%，精米率 74.0%，整精米率 69.9%，粒长 6.5mm，长宽比 3.1，垩白粒率 9.0%，垩白度 1.4%，透明度 1 级，碱消值 5.7 级，胶稠度 35.0mm，直链淀粉含量 20.2%。

农香 42（湘审稻 20200011）：籼型常规晚稻迟熟品种。在湖南省作迟熟晚稻栽培，全生育期 117.6 天，比对照品种天优华占短 2.6 天。株高 111.8cm，每亩有效穗数 21.2 万穗，每穗总粒数 147.0 粒，结实率 85.0%，千粒重 26.2g。抗性：叶瘟 3.9 级，穗瘟 6.3 级，穗瘟损失率 3.0 级，稻瘟病综合抗性指数 4.1，白叶枯病 5.0 级，稻曲病 4.0 级。米质主要指标：出糙率 79.8%，精米率 70.8%，整精米率 58.3%，粒长 7.6mm，长宽比 4.0，垩白粒率 2.0%，垩白度 0.6%，透明度 1 级，碱消值 7.0 级，胶稠度 60.0mm，直链淀粉含量 16.4%。在 2017 年湖南省第十一次优质稻品种评选中，被评为一等优质稻品种。

泰优农 39（湘审稻 20210036）：籼型三系杂交晚稻中熟品种。在湖南省作中熟晚稻栽培，全生育期 117.6 天，比对照品种岳优 9113 长 0.6 天。株高 114.2cm，每亩有效穗数 23.3 万穗，每穗总粒数 149.7 粒，结实率 76.6%，千粒重 23.4g。抗性：叶瘟 3.8 级，穗瘟 5.7 级，穗瘟损失率 3.0 级，稻瘟病综合抗性指数 3.8，白叶枯病 7.0 级，稻曲病 3.5 级。米质主要指标：出糙率 80.7%，精米率 71.2%，整精米率 55.4%，粒长 7.6mm，长宽比 4.4，垩白粒率 6.5%，垩白度 1.2%，透明度 1 级，碱消值 6.0 级，胶稠度 83.0mm，直链淀粉含量 17.0%。在 2019 年湖南省第十二次优质稻品种评选中，被评为一等优质稻品种。

第五节　“因地选种”的原则和技术要点

良种是农业的“芯片”，是农业生产的源头和不可替代的重要农业生产资料。据统计，我国良种对农业增产贡献率达 45%，种业已成为促进我国农业稳定发展、保障国家粮食安全和主要农产品有效供给的基础性、战略性产业。新中国成立以来，国家高度重视农作物品种改良和推广工作，为我国农业生产安全、稳定和发展作了巨大贡献。由于我国幅员辽阔，地理气候类型多，基本农田基础设施差别大，各地对农作物品种的需求存在明显差异。近年来，虽然在持续推进高标准农田建设，但实际上高标准农田高产区仍然只占少数，中低产田占比仍然较大。因此，根据各地实际情况，区别不同地理气候与耕地类型、种植习惯，因地制宜、以种适地，是当前农业生产中开展科学选种用种指导的重要课题。

一、因地选种基本原则

1. 根据双季稻搭配模式选种

双季稻区早、晚稻品种的合理搭配至关重要，要根据当地的气候条件、土壤肥力、种植习惯及农事安排等因素选择早晚稻品种。早稻应选择早熟、高产、抗寒能力较强的品种，晚稻则需选择生育期适中、抗倒伏、耐高温和抗病能力强的品种，保证双季稻周年高产稳产。例如，在长沙地区，早稻可选用欣荣优 123、陵两优 1785 等品种。这些品种生育期 110～120 天，具有较好的抗寒和高产性能；晚稻可选择 3 两优 911、隆晶优 1212、泰优农 39 等品种，生育期 110～120 天，抗倒伏和耐高温能力较强，这样的搭配能够充分利用当地的光温资源，实现双季稻的高产目标。

2. 根据稻田镉污染程度选种

在重金属中低风险地区（土壤总镉含量≤1.5mg/kg），应优先选择镉低积累水稻品种，以降低稻谷中的镉含量，保障农产品质量安全。同时，要综合考虑品种的产量和其他抗逆性。例如，中安 2 号、臻两优 8612、西子 3 号等品种在中轻度镉污染地区表现出较好的镉低积累特性，同时也具有一定的产量潜力和抗病虫害能力，可在这些地区进行推广种植。

3. 根据往年病虫害流行程度选种

近几年极端天气频发，对水稻病虫害的防控带来不小挑战，尤其是主要病虫害稻瘟病、纹枯病、南方水稻黑条矮缩病、稻飞虱等呈现出逐渐高发态势。因此，在选择水稻品种时，要根据往年病害发生情况，侧重选择抗性品种，降低产量损失。例如，Y 两优 911 等品种对稻瘟病具有较好的抗性，飓两优 6 号、玮两优 7713 等品种对稻飞虱具有较好的抗性。

4. 根据耕地地力条件选种

土壤条件好、肥力高的田块，侧重于选择增产潜力大的品种，如欣荣优 123、锦两优 128 等早稻品种，3 两优 911、Y 两优 911 等晚稻品种；中等肥力土壤田块选择适应性较广的品种，如潭两优 83、陵两优 1785 等早稻品种，隆晶优 1212、桃优香占等晚稻品种；低肥力土壤田块选择耐贫瘠品种，如中早 39、陵两优 268 等早稻品种，泰优 390、恒丰优金丝苗等晚稻品种；土壤条件差、保水性差、水源无保障的田块侧重于选择抗旱品种，如旱优 73 等水稻品种。

5. 根据市场需求选种

了解市场对农产品的需求趋势，选择符合市场需求的品种，满足消费者多样化需求。选择直链淀粉含量较高的水稻品种，如中嘉早 17、湘早籼 32 号等早稻品种；选择米质达到国家一、二等优质稻标准，且有香味的水稻品种，如玉珍香、农香 42 等晚稻品种。

二、因地选种技术要点

（一）了解品种特性

产量潜力：不同水稻品种的产量潜力差异较大，在选择品种时，要了解其在当地种植条件下的产量表现情况。一般来说，杂交稻品种在产量潜力方面相对较高，但对栽培管理要求也较为严格；常规稻品种产量相对稳定、适应性较强。种植者应根据自身的种植技术水平、土壤肥力状况和投入能力等综合考虑，选择能够实现高产目标的品种。建议早稻选用高产兼顾优质的品种，晚稻选用优质兼顾高产的品种；中低产田以穗粒兼顾品种为主，高产田以大穗型品种为主。

品质特性：市场对优质米的需求持续旺盛，尤其是有香味的高档优质稻备受消费者青睐。以优质稻谷或优质米出售的经营主体，如专业合作社、种植大户和农业企业，可首选优质品种。一类是优质常规稻。其特点是大多数品质优于普通杂交稻、产量低于普通杂交稻，种子售价低，如农香 42、玉针香等。另一类是优质杂交稻。其特点是大多数产量高于优质常规稻、米质与优质常规稻相当或略低于优质常规稻，如五香优粤农丝苗、泰优农 39 等。

抗性水平：部分种植区域因受地理条件、局部气候限制，水稻易发生病害、高温热害、倒伏等，需要选用抗病、耐高温、抗倒伏性强的品种。例如，部分区域易发稻瘟病，在选择品种时应选择稻瘟病抗性在 5 级或 5 级以下的品种；部分区域高温热害天气频发，应选择耐高温能力强的品种；有些区域地势低洼、排水不畅或常年积水，应选择植株较矮、抗倒伏性强的品种。

生长习性：水稻品种的生长习性包括株高、株型、分蘖特性、叶色、叶片形态等方面。株高适中的品种一般抗倒伏能力较强，适合在风力较大的地区种植；紧凑型株型有利于提高群体的光能利用率，增加产量；分蘖力强的品种在适宜的栽培条件下能够形成较多的有效穗，但如果分蘖过多且控制不当，也容易导致群体过大、通风透光不良、病虫害加重等问题。了解品种的生长习性，有助于种植者根据当地的土壤肥力、种植密度、施肥水平等栽培条件进行合理的田间管理，充分发挥品种的生长优势。

（二）合理进行品种搭配

品种搭配主要包括生育期搭配和抗性搭配。生育期搭配指选择不同生育期的品种搭配种植，如在双季稻区，早稻可选择生育期较长的高产品种，晚稻可选择生育期较短的早熟品种，通过合理搭配种植，使两季水稻都能充分利用光温资源，提高全年总产量。抗性搭配指将对不同病虫害具有抗性的品种搭配种植，如将抗稻瘟病品种与抗纹枯病品种搭配，或抗虫品种与非抗虫品种搭配种植，这样可以降低因单一品种大面积种植而导致病虫害暴发的风险，减少农药使用量，提高水稻生产的稳定性和可持续性。

（三）关注主导品种

每年农业农村部、省农业农村厅、市农业农村局等会发布粮食作物主导品种。这些品种经过农业技术推广部门田间试验验证和农业行政主管部门把关，表现优良、产量较为稳定，可靠性相对较高。例如，示范推广品种和镉低积累品种，购种者还可享受政府相关补贴。同时可优先考虑当地多年种植成功的老品种。这些品种通常具有较好的适应性和稳定性。

（四）试验示范推广

小面积试种：在大规模种植新品种之前，进行小面积试种是必不可少的环节。小面积试种可以选择在具有代表性的田块进行，面积一般为几分地至约一亩。试种过程中，要严格按照当地的常规栽培技术进行管理，初步了解品种在当地环境条件下的适应性和生长特性，观察是否存在对当地气候、土壤、病虫害等不利因素敏感的问题，为进一步扩大种植面积提供参考依据。如果试种过程中发现品种存在明显的缺陷或不适应情况，应及时淘汰，避免造成更大的经济损失。

逐步推广应用：在经过小面积试种确认品种具有良好的适应性、稳定性和推广价值后，有计划、分步骤地推进，逐步进行大面积推广应用；同时，建立品种推广跟踪监测机制，对种植的品种进行持续监测，收集产量、品质、病虫害发生情况等数据信息，为品种的进一步优化和调整提供依据。

品种适当轮换：当地多年种植成功的老品种虽然相对稳定可靠，但是同一品种不建议连续三年以上种植。种植户有“多施肥不如勤换种”的说法，主要是同一品种连续多年种植存在种性退化、病虫害暴发风险较大等问题，应考虑适当轮换品种种植。

三、典型案例与成效

长沙市近年来围绕粮食生产“四高”（高标准、高技术、高产量、高品质）试验示范目标，因地制宜选育和推广良种，通过科学的品种搭配、技术集成和全流程管理，实现粮食生产提质增效。以下是典型案例与成效分析。

丘陵生态区：针对丘陵地区光温资源特点，长沙县春华镇“四高”核心示范片选择生育期较长的早稻品种（如欣荣优 123、陵两优 268）搭配高产优质晚稻品种（如隆晶优 1212、五乡优粤农丝苗），形成“早高晚优”模式。

镉污染中低风险区：针对中轻度镉污染耕地，望城区高塘岭街道“四高”核心示范片大面积推广臻两优 8612、中安 2 号等镉低积累水稻品种，结合“水控镉”技术（田间淹水管理），确保稻米镉含量达标。

平原丘陵生态区：针对沙性土壤的特点，宁乡市金洲镇“四高”核心示范片选择米粉专用早稻中早 39 搭配优质晚稻玉针香，通过“早专晚优”模式提升种粮收益。

长沙“因地选种”实践表明，品种选择需兼顾生态适应性、市场需求与抗逆能力，通过模式创新与精准管理，可实现双季稻周年亩产超 1200kg。这一技术体系为长江中下游双季稻区提供了可复制的“长沙样板”。

第六节　早稻集中育秧与宜机壮秧培育技术

集中育秧通常指具有丰富育秧经验的种粮大户或集体，按照标准育秧技术操作流程，从农资采购、秧田整理、浸种播种、秧田管理到秧苗移栽各个环节实行统一操作的育秧模式。早稻集中育秧不仅具有减少生产成本、缓解劳动力不足、便于管理和培育壮秧、有利于良种普及和规模化经营的特点，而且其专业化育秧管理对促进双季稻生产发展具有重要意义。此外，早稻集中育秧是提高稻田复种指数和扩大机械化生产的有利技术，对缓解耕地矛盾、实现双季稻增产增收、保障粮食安全有着重要作用。

一、集中育秧的意义与优势

早稻集中育秧是保障粮食安全、稳定早稻生产的关键举措。近年来，随着农村劳动力转移和老龄化加剧，传统分散育秧面临诸多挑战，如劳动力短缺、育秧技术参差不齐等。集中育秧通过统一管理、技术规范，能够有效解决这些问题，提高秧苗质量和生产效率。在经济效益方面，集中育秧可实现省秧田、省劳力、省投入，增加产量和效益。相关研究表明，集中育秧较分散育秧每公顷可节约用工 3～4 个，节省育秧成本 25～30 元。在社会效益方面，集中育秧能够为农户提供就业机会，增加收入，同时促进农业规模化和产业化发展。在生态效益方面，集中育秧可减少农药和化肥使用，降低农业面源污染。

自 2011 年湖南省大规模实施早稻集中育秧，2012 年中央财政开始每年专项支持南方早稻集中育秧以来，这项技术就被视为杜绝直播、扩大早稻面积、遏制耕地抛荒的一个关键措施。通过政策支持、农资采购优惠和财政补贴，湖南早稻移栽面积由 2011 年的 12.21 万 hm^2 提高至 2020 年的 66.67 万 hm^2。2024 年开始，湖南省农业农村厅积极争取中央财政扶持，要求整合中央、省、市、县四级财政资金，重点支持建设一批工厂化集中育秧大棚设施，以有效抵御湖南早春频发的低温寒潮冷害，有效支持早稻生产。

二、主要集中育秧方式及特点

1. 小拱棚集中育秧

小拱棚育秧是常见方式。其特点是取材方便、造价成本低、结构简单。播种后，用竹竿插成拱形骨架，覆盖塑料薄膜，形成密闭空间，可防雨、保温、防虫。但该方式也存在明显缺点，如棚内空间小、育秧用工多、田间管理不便、土地利用率相对较低、易受不利天气影响等。例如，遇持续低温或短时高温，若防范措施不到位，秧苗易出现冷害或热害，影响秧苗质量甚至导致成片死苗。

2. 大棚集中育秧

大棚集中育秧通常在棚内整平秧床后摆放秧盘，装入营养土，播种后覆盖营养土，利用喷淋水装置保持湿润。大棚多采用水泥柱作底盘、轻型钢管作骨架，覆盖塑料薄膜。这种方式能有效避免低温阴雨天气影响，减少病虫害发生，利于培育壮秧。育秧完成后，大棚还可种植蔬菜等经济作物，实现“一棚多用”。然而，其成本投入相对较高。

3. 工厂化集中育秧

工厂化集中育秧是利用现代化农业装备，按照标准化流程进行大规模育秧；由经验丰富、专业化程度高的企业或个人操作，可减轻恶劣天气影响，培育壮秧，缩短育秧周期，提早移栽。同时，秧苗移栽后，工厂内可种植花卉、蔬菜等经济作物，增加收入。但该方式成本投入高，对技术和管理要求也较高。

三、宜机壮秧培育技术

宜机壮秧是适应机械化插秧的优质秧苗，其标准为秧苗茎基部粗壮，根系发达，盘根良好，苗高适宜，叶色浓绿，无病虫害。茎基部粗度和干物重较大，有利于提高插秧时的抗损伤能力；根系发达且盘根紧密，能保证秧苗在机插过程中不散盘、少伤根，移栽后迅速返青生长。

（一）育秧前准备

1. 选种

清水选种，种子用清水浸泡 4～5 小时后捞出浮在表层的秕谷，选用饱满稻种，为培育整齐健壮的秧苗打好基础。

2. 种子处理

一是要浸好种。浸种前应在晴天先晒种 1～2 天，浸种要结合种子消毒进行，可用 25%咪鲜胺乳油 2000～2500 倍稀释液或 40%三氯异氰尿酸（强氯精）300～500 倍稀释液浸种消毒 8～10 个小时。捞出种子后用清水洗净，再用清水浸种 10～12 个小时，水温低时适当延长浸种时间。

二是要催好芽。催芽时温度控制在 35～38℃，温度过高或过低都要及时调整。谷种露白破胸后待芽长至半粒谷、根长至 1 粒谷的长度时，摊开在常温下炼芽 3～6 个小时即可播种。工厂化育秧在破胸露白时播种，不需催长芽和炼芽。

（二）播种阶段

1. 播种适期

一般日平均气温稳定通过 12℃时，抓住冷尾暖头，抢晴播种。长沙地区一般在 3 月中下旬播种。水稻的秧龄要根据品种来确定，原则上控制在 30 天以内，避免大苗移栽，大户可约按 100 亩分批播种，每批间隔 2～3 天。

2. 播种量和秧盘数

（1）机插秧。早稻机插秧一般使用 7 寸秧盘。杂交稻每亩 40～45 盘，每盘播种量 65.0～75.0g，一般每亩大田用种量 2.5～3.0kg，秧床与大田的面积比例约为 1∶100。常规稻每亩 30～35 盘，每盘播种量 130.0～150.0g，一般每亩大田用种量 5.0～6.0kg，秧床与大田的面积比例约为 1∶80。

（2）机抛秧。按照早稻常规稻 4.0～5.0kg/亩、杂交稻 2.5～3.0kg/亩确定总播种量，每穴播种量常规稻约为 4 粒，杂交稻 2～3 粒。秧床与大田的面积比例约为 1∶60，以 416 孔水稻有序抛秧机专用秧盘为例，早稻亩用 70～75 盘，保证每亩抛 2.2 万蔸以上。

3. 摆盘播种

（1）机插秧摆盘播种要点。播种前准备好营养土或商品基质等物资，种子破胸露白后利用自动化流水线一次性完成装（营养）土、淋水、播种、覆土等工序。为提高播种质量，推荐采用由中国水稻研究所研发的精量条播自动化流水线。将播种好的秧盘先进行叠放，每叠 20～25 盘，集中放入能控温控湿的标准育秧温室内（温度 30～32℃，湿度≥90%）或叠放在大棚内（每叠最上面要放上空秧盘）。叠盘时间以叠后到芽长约 1 厘米为标准，不宜太短或太长。标准温室育秧一般叠盘出苗时间为 48 个小时，其他方式叠盘出苗时间视气温高低而定，一般 2～3 天。

（2）机抛秧摆盘播种要点。摆盘时秧床正中央拉线，在中线的两边各横摆一张秧盘，使用木板压实，做到盘与盘衔接无缝隙，软盘与床土充分接触不留空隙，无高低。盘底与秧床表面紧密贴合，以保证秧床与盘内营养土墒情一致。秧板不硬的用无纺布或编织布铺好隔泥层，摆盘后要进行压盘。摆盘后撒底土，先撒 2/3，底土铺平后喷水，一次喷足，使底土达饱和状态；水喷足后便可播种，力求均匀，每孔 3～4 粒。撒完种后撒盖土，以不见种子为宜，盖土不能过满，防止后期蹿根，影响抛秧。

4. 苗床消毒

做好床土和育秧基质消毒处理。播种流水线对秧盘、种子、基质用咪鲜胺或敌磺钠（敌克松）等药剂淋水消毒，播种摆盘秧厢用 30%噁霉灵或 25%咪鲜胺或 55%敌磺钠（敌克松）可湿性粉剂 800 倍液等对床土均匀喷洒进行消毒处理。

（三）秧田管理

1. 湿润育秧秧田管理

播种前要选择土质松软、水源清洁、排灌良好的田块，整成通透性好的半旱秧田。

（1）温度管理。采用薄膜或地膜保温育秧的田块，适时两头揭膜通风，防止病害；如遇持续高温天气（膜内温度≥35℃）及时揭膜通风，防止烧苗。雨后猛晴时，切忌突然揭膜，应先通风炼苗再揭膜，同时洒水或灌水。1 叶 1 心期，适温保湿壮苗，控制徒长，防止绵腐病、立枯病发生；2 叶 1 心期，通风炼苗，施肥促蘖，培育壮秧；3 叶 1 心期，日揭夜盖。

（2）科学管水。揭膜时先灌平沟水，自然落干后再上水，如此反复。晴天中午若秧苗出现卷叶要灌薄水护苗，雨天放干秧沟水；气温正常后及时排水透气，提高秧苗根系活力；移栽前 3～5 天控水炼苗。

（3）适时适量施肥。一般在 1 叶 1 心期，即播后 7～8 天，根据床土肥力、秧龄和气温等具体情况因地制宜地施用“断奶肥”，移栽前 5～7 天酌施“送嫁肥”，施后喷淋 1 次清水，或移栽前 3～5 天施“起身肥”，一般亩施尿素 4～5kg。长势偏弱的秧苗增施磷钾肥，促进恢复生长。

2. 工厂化大棚育秧苗床管理

（1）播种至出苗。采取播种时一次淋足、弥雾浇水等措施保湿促出苗。

（2）齐苗至 1 叶 1 心。出苗后平铺，控温保湿，促进根的正常生长。棚内温度控制在 25～28℃，超过时打开膜口。一般播种后 3～5 天，苗见绿后，就开始通小风，中午 11 时打开，下午 3 时关闭。发现有顶盖和露籽，要及时用木棍落盖和补土。出苗后减少喷水次数，不干不喷水。

（3）1 叶 1 心至 2 叶 1 心。棚内温度控制在 20～25℃，日出前打开棚膜，下午 4 时关闭风口。阴天中午打开风口 2 个小时通风换气。温度低于 10℃时，缩短通风时间及提早关闭通风口，不要长时间通风，以免秧苗受冷害，发生生理障碍。此期若通风不够，温度高、湿度大，形成徒长苗，易得立枯病。

（4）2 叶 1 心至移栽。2 叶 1 心期开始调整轮换上下秧盘位置，促均匀一致生长；进入 2 叶 1 心期后增加喷水次数和时间，结合喷水施用“断奶肥”。栽插前 7 天，开始全天候敞棚炼苗，插前 3 天断水控湿。

采用昼高夜低、前高后低、逐步接近室外气温的调温方式。通风过程中温室门口和窗口附近空气流动快、蒸发量大，因此附近的秧盘要特别关注，防止秧苗失水。

（四）秧田期病虫害防控工作

绵腐病、立枯病：秧田发生绵腐病、立枯病时，立即揭膜晾床，选用25%咪鲜胺、30%噁霉灵、30%甲霜·噁霉灵等药剂喷雾，防止病害扩展。

水稻恶苗病：苗床发现病株后应立即拔除，以免病菌传播危害。苗期恶苗病发生普遍时，要抢时重新补种其他抗病品种。

苗稻瘟病：发病初期可用三环唑（可湿性粉剂应在75%以上）、稻瘟灵（40%以上）、嘧菌酯（25%以上）或吡唑醚菌酯（微囊悬浮剂），兑水30kg均匀喷雾。发病重的秧田，隔7～10天再补治1次。

生理性病害：在低温或苗床土湿度过大时，及时揭膜晾床，提高地温，增强土壤通透性，防止出现白芽或造成生理性烂秧。在气温较高的情况下，要防止秧苗水分过快蒸腾，避免出现生理性失水、青枯死苗现象。

打好“送嫁药”：水稻移栽前2～3天，施用秧苗“送嫁药”。预防稻瘟病选用75%三环唑、25%吡唑醚菌酯等；防治二化螟可选用氯虫苯甲酰胺、甲氨基阿维菌素苯甲酸盐（2.0%以上）、阿维菌素（1.8%以上）、阿维·甲氧虫酰肼、乙多·甲氧虫等药剂；秧田除稗在秧苗2.5～3.0叶期亩用2.5%五氟磺草胺100毫升。此外，可应用赤·吲乙·芸薹等植物生长调节剂或氨基寡糖素等植物诱抗剂，提高水稻抗逆性。

第七节　水稻分段变量科学施肥技术

水稻是长沙地区主要粮食作物，常年播种面积420万亩次以上。为了做好水稻科学施肥，助力化肥减量增效和粮油作物大面积单产提升，近年来长沙做了大量基础性工作。

一是全力提升耕地综合生产能力，深入落实“藏粮于地”战略。长沙市农业农村部门依托高标准农田建设、省市绿肥生产专项、部级绿色种养循环农业试点项目、长沙市“一场三池”（畜禽养殖场和农村厕所化粪池、畜禽养殖粪污处理储存池、沼气池）项目建设、长沙市粮食生产“四高”试验示范等项目建设，扎实推进绿肥种植、有机肥施用、粪肥还田、秸秆还田、深松深耕等措施落实落地，全力提升耕地地力水平。截至2023年，长沙市耕地质量等级达4.49，耕地土壤肥力状况逐年稳中有升。

二是持续开展耕地土壤肥力水平监测，为水稻科学施肥提供可靠数据支撑。2022年以来，长沙市农业技术推广中心组织调查采集检测耕地土壤样品687个，检测结果表明：全市农田土壤偏酸，土壤有机质和全氮含量较高，土壤有效磷和速效钾含量一般。其中，长沙县土壤养分比较适中，望城区、湖南湘江新区农田土壤缺磷、钾，宁乡市农田土壤缺钾，浏阳市农田土壤磷、钾含量较高，氮含量一般。这些基础数据为长沙市开展水稻、油菜科学施肥指导提供了有力的数据支撑。

三是持续开展农户施肥调查与监测，为指导农户科学施肥提供基本依据。2022年以来，全市开展农户施肥情况调查2585户，并录入农业农村部相关系统，较为全面地摸清了长沙农户在水稻、油菜、蔬菜、果树等大宗农作物上的肥料用量、施肥方式、施肥习惯，为因地制宜指导科学施肥打下了坚实的基础。

为进一步推动水稻单产提升，促进肥料高效利用，落实化肥减量增效措施，结合长沙粮食生产"四高"试验示范总结提炼了水稻分段变量科学施肥技术指导意见。

一、施肥原则

（1）根据目标产量、土壤肥力状况、水稻需肥规律、施肥方式等合理确定肥料用量。

（2）控制氮肥、调节磷肥、增加钾肥用量，硅、锌缺乏地区适量施用硅肥和锌肥。

（3）将化肥按基肥、分蘖肥、穗肥、粒肥分段变量施用。基肥适量，分蘖肥要早，穗肥要巧，酌情施粒肥。

（4）鼓励增施有机肥和种植绿肥还田，适量减少化肥用量。

（5）增密减氮，适量增加磷钾肥用量。

二、施肥方式

（1）推荐采用机械施肥、无人机施肥技术（图3-1）。

（2）鼓励采用机插秧侧深施肥技术，实现插秧施肥一体化。水稻侧深施肥原理示意图如图3-2所示。

图3-1 无人机施肥技术

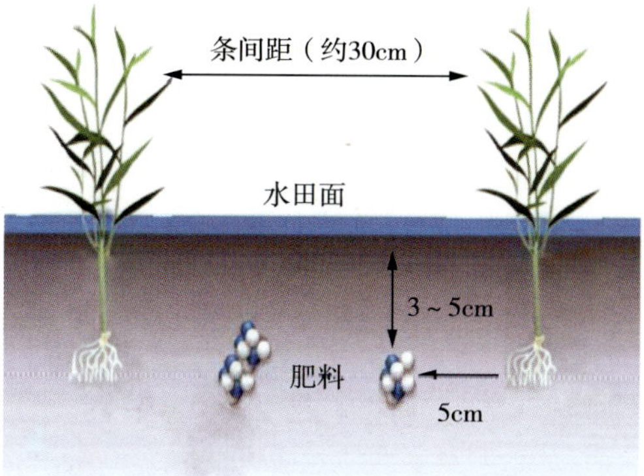

图3-2 水稻侧深施肥原理示意图

三、施肥建议

按照早稻亩产 500kg、晚稻亩产 550kg、一季稻亩产 600kg 设计，长沙市不同地区不同类型水稻推荐施肥量见表 3－1 所列。

（一）增施有机肥

有条件的主体每亩农田可施用商品有机肥 150kg 或饼肥 100kg 或粪肥 2000kg 或种植绿肥还田。施有机肥或者种植绿肥还田的田块，基肥化肥用量可减少 20％～30％。

（二）分段变量科学施肥

（1）基肥适量。按表 3－1 建议用量施用即可。

（2）蘖肥要早。早稻在移栽后 5 天，中晚稻在移栽后 3 天施。

表 3－1　长沙市不同地区不同类型水稻推荐施肥量（kg/亩）

区县（市）	类型	基肥			分蘖肥	穗肥		粒 肥
		有机肥	配方肥或者磷肥		尿素	尿素	氯化钾	磷酸二氢钾
			肥料配方	肥料用量				
长沙县 天心区 雨花区 开福区	双季早稻	鼓励有条件的每亩施用商品有机肥 150kg 或饼肥 100kg 或粪肥 2000kg 或种植绿肥还田	20－8－12 或相近配方	30～35	4～5	2～3	4～5	看苗酌情补施粒肥，若抽穗期叶色淡绿，每亩用磷酸二氢钾 150g，兑水 50kg 于傍晚喷施
	双季晚稻			35～40	5～6	3～4	5～6	
	中稻、一季晚稻			35～40	5～6	4～5	5～6	
望城区 湘江新区	双季早稻		钙镁磷肥	20～30	/	/	/	
	双季晚稻		20－10－10 或相近配方	30～35	4～5	2～3	5～6	
				35～40	5～6	3～4	7～8	
	中稻、一季晚稻			35～40	5～6	4～5	7～8	
浏阳市	双季早稻		22－8－10 或相近配方	30～35	5～6	2～3	4～5	
	双季晚稻			35～40	5～6	4～5	5～6	
	中稻、一季晚稻			35～40	5～7	5～6	5～6	
宁乡市	双季早稻		18－10－12 或相近配方	30～35	4～5	2～3	5～6	
	双季晚稻			35～40	5～6	3～4	7～8	
	中稻、一季晚稻			35～40	5～6	4～5	7～8	

（3）穗肥要巧。在主穗幼穗分化 2～4 期，结合苗情追施。叶色浓绿长势较好的田块无需补肥；叶色已转淡略偏黄田块结合复水按上表建议补氮钾肥；叶色明显转黄田块结合复水稍微加大氮钾肥用量。

（4）酌情施粒肥。若抽穗期叶片颜色淡绿，应看苗酌情补施粒肥（主要是叶面肥）防早衰。

（三）按需施微肥

缺锌农田，可基施 0.5～1.0kg/亩硫酸锌，注意不要与磷肥混施；缺硅农田，可基施或者水稻返青后追施 10.0kg/亩硅酸钠。

（四）推广增苗减氮

全面推广增苗减氮技术，当移栽蔸数达到 2 万蔸时，氮肥用量可减少 10%～20%，适量增加磷钾肥用量。

（五）推广测土配方施肥

陆续对粮食生产“四高”区种植大户的农田土壤进行采样检测，根据检测结果，结合目标产量、水稻需肥规律、施肥方式等提出施肥建议，农户按建议施肥，增加作物产量，提高肥料利用率，减少肥料用量和农业面源污染。

（六）推广侧深施肥

在插秧机插秧的同时将肥料定量、精准推送到秧苗侧深约 5cm 处，并由刮板覆盖于泥浆中。插秧机水稻侧深施肥实物图如图 3－3 所示。采用机插秧侧深施肥的田块，氮肥用量可减少 10%～20%。

图 3－3　插秧机水稻侧深施肥实物图

第八节　生防优先、梯级控害技术要点

一、病虫草害识别

（一）秧苗期主要病虫害

1. 绵腐病

主要症状：发病初期，幼芽基部出现乳白色的绵毛状物。绵毛状物是病菌的菌丝和游动孢子囊，落入土壤中后导致大量的氧化铁沉淀，一些藻类也附在上面呈现褐色或黑色。这时幼苗变黄枯死。

发病原因：病菌普遍存在水和土壤中。秧苗生长初期遭受低温寡照，空气湿度大，或长期灌深水，有利于病菌生长而不利于秧苗生长，使秧苗衰弱，病菌易侵入。秧盘中的绵腐病菌如图 3-4、图 3-5 所示。

图 3-4　秧盘中的绵腐病菌（一）

图 3-5　秧盘中的绵腐病菌（二）

2. 生理性青枯病

主要症状：秧苗转绿后，叶片失水卷筒萎蔫，最后死亡。

发病原因：由水稻生理失水所致。秧苗对 11℃以下的低温抵抗力弱。低温过后遇暴晴，温度急剧变化，使叶片蒸腾作用加强，而土温偏低使根吸收水分的能力减弱，水分供不应求，故造成生理失水。青枯失水后秧苗卷筒如图 3-6 所示，青枯苗泡水前后对比图如图 3-7 所示。

图 3-6　青枯失水后秧苗卷筒

图 3-7　青枯苗泡水前后对比图

3. 立枯病

主要症状：发病中心呈圆圈状，中间有部分健康苗。幼苗叶片、叶鞘比正常苗短，叶片自上而下、由叶尖向基部逐渐枯黄致死，根灰白色，似水烫状，用手拔苗，茎基部易与地下稻谷断离，容易拔断。茎基部腐烂，发病较重的整片死亡，病株基部多长有赤色霉状物。

发病原因：主要由镰刀菌和腐霉菌等病菌引起。秧苗在2～3叶期时胚乳将近耗尽，抗寒力最差，日平均气温低于15℃则生育受阻，抗病性显著减弱，病菌易侵入，此时若遇低温阴雨易发生立枯病。秧苗立枯病典型症状如图3-8所示，秧苗立枯病如图3-9所示。

图3-8　秧苗立枯病典型症状

图3-9　秧苗立枯病

4. 恶苗病

发病症状：当水稻感染了赤霉菌后，会出现植株疯长的现象。病株往往比正常植株高50%以上，而且结实率大大降低。苗期发病病苗比健苗细高，叶片叶鞘细长狭窄，叶色淡黄，根系发育不良，移栽后节间明显伸长，下部茎节逆生多数不定须根，分蘖少或不分蘖。发病重的在抽穗前枯死，叶鞘上有粉红色霉状物；发病轻的能抽穗，但穗小粒少，或成白穗。

发病条件：病原菌侵染后分泌赤霉素诱导水稻植株徒长。带菌种子和带病稻草是该病发生的初侵染源。发病最适温度为27～35℃，风雨天气有利于扩散。大棚中秧苗发病状如图3-10所示，恶苗病大田表现如图3-11所示。

图3-10　大棚中秧苗发病状

图3-11　恶苗病大田表现

（二）水稻大田主要害虫

1. 二化螟

（1）虫态识别。卵呈扁椭圆形，卵块有数十至200粒排成鱼鳞状，附有透明胶质，初产时乳白色。新鲜卵块如图 3-12 所示，卵接近孵化时的状态如图 3-13 所示。

幼虫约 6 龄。末龄幼虫体长 20～30mm，头部除上颚棕色外，其余为红棕色，全体淡褐色，具 5 条纵向棕褐色条纹。二化螟 1 龄幼虫如图 3-14 所示，二化螟幼虫如图 3-15 所示。

图 3-12　新鲜卵块

图 3-13　卵接近孵化时的状态

图 3-14　二化螟 1 龄幼虫

图 3-15　二化螟幼虫

蛹长 10～13mm，米黄色至浅黄褐色或褐色。二化螟蛹及蛹壳如图 3-16 所示。圆筒形，初为黄白色，后为淡棕色，前期背面尚可见 5 条褐色纵线（中间三条较明显，后期逐渐模糊）。

成虫触角丝状，雄虫前翅黄褐至暗褐色，中室先端有紫黑斑点，中室下方有 4 个斑排成斜线。前翅外缘有 7 个黑点。二化螟成虫（雄虫）如图 3-17 所示。雌虫体色比雄虫稍淡，前翅黄褐色，后翅白色。

（2）发生规律。寄主植物有水稻、茭白、玉米、油菜、稗、李氏禾等。以 4 龄以上幼虫在稻桩、稻草中或其他寄主植物的茎秆内、杂草丛及土缝中等越冬。气温高于 11℃时开始化蛹，15～16℃时成虫羽化。湖南省发生 4 代：一代主要为害早稻；二代主要为害迟熟早稻和中、晚稻；三代为害一季晚稻及双季晚稻；四代为害迟熟晚稻。有群集为害和转株为害特性。

图 3－16　二化螟蛹及蛹壳

图 3－17　二化螟成虫（雄虫）

（3）为害症状。初孵幼虫先侵入叶鞘集中为害，造成枯鞘。二化螟枯鞘株如图 3－18 所示。长至 2～3 龄后，蛀入茎秆，造成枯心（二化螟枯心株如图 3－19 所示）、枯孕穗、白穗和虫伤株。水稻分蘖期受害，出现枯心苗和枯鞘；孕穗期、抽穗期受害，出现枯孕穗和白穗；灌浆期、乳熟期受害，出现半枯穗和虫伤株，秕粒增多，遇大风易倒折。

图 3－18　二化螟枯鞘株

图 3－19　二化螟枯心株

2. 稻纵卷叶螟

（1）虫态识别。卵长约 1mm，椭圆形，扁平而中稍隆起，卵壳表面有不规则的极细网状隆线。稻纵卷叶螟卵块如图 3－20 所示。初乳白色，后渐变为浅黄色；将孵化时，隐约可见黑点。

低龄幼虫绿色，后转黄绿色，成熟幼虫橘红色。稻纵卷叶螟幼虫如图 3－21 所示。幼虫老熟时长 14～19mm。前胸背板近后缘处有 2 个小黑点，形似括号；中、后胸背面具 2 个近似螺旋形黑斑及 8 个毛瘤（前排 6 个、后排 2 个）。

蛹体长 7～10mm，圆筒形，初为淡黄色，后变红棕色至黄褐色。末端尖削，臀棘明显突出，具 8 根钩刺。茧白色，很薄。

成虫长 7～9mm，翅展 12～18mm，淡黄褐色。稻纵卷叶螟成虫如图 3 - 22 所示。前翅近三角形，有 2 条褐色横线，2 线之间有 1 条短线，外缘有暗褐色宽带。后翅有 2 条横线，外缘亦有宽带。雄蛾前翅前缘中部有闪光而凹陷的“眼点”，雌蛾前翅则无“眼点”。交配中的稻纵卷叶螟如图 3 - 23 所示。

图 3 - 20　稻纵卷叶螟卵块

图 3 - 21　稻纵卷叶螟幼虫

图 3 - 22　稻纵卷叶螟成虫

图 3 - 23　交配中的稻纵卷叶螟

（2）发生规律。稻纵卷叶螟为寡食性迁飞性害虫，主要为害水稻，还可为害茭稗草、李氏禾、双穗雀稗、马唐、狗尾草、芦苇等。湖南一年发生 5～6 代，主要虫源是 4 月中旬至 5 月下旬从外地迁入，9—10 月份由北往南回迁，湖南是主要迁飞通道。

（3）为害症状。初孵至 1 龄幼虫常群集于心叶、叶鞘内啃食叶肉，形成白色斑点，不结苞。2 龄时爬至叶尖处吐丝、缀卷叶尖或近叶尖的叶缘。3 龄后食量增加，下移至叶片中部纵卷叶片形成明显的束腰状虫苞。稻纵卷叶螟虫苞如图 3 - 24 所示。至 4～5 龄后，频繁转苞为害，取食叶肉、仅留表皮而呈枯白色，严重时整叶枯死，“虫苞累累，白叶满田”（图 3 - 25）。

图 3 - 24　稻纵卷叶螟虫苞

图 3 - 25　白叶满田

3. 稻飞虱

（1）虫态识别。

① 白背飞虱。

若虫梭形，头、尾两端较尖，长 2～3mm，初孵时乳白色，后呈淡灰黄色，体背有灰褐色或灰黑色斑纹，边缘界线清晰，3 龄后长有翅芽。群聚的白背飞虱若虫如图 3 - 26 所示。

成虫有长翅型和短翅型 2 种。长翅型成虫体长 4～5mm。白背飞虱长翅成虫如图 3 - 27 所示。雄虫黑褐色，雌虫灰黄色。头顶狭，突出在复眼前方。胸背小盾板中央有 1 个五角形白色或蓝白色斑。短翅型雌虫长约 3.4mm，灰黄色，翅仅及腹部一半。

图 3 - 26　群聚的白背飞虱若虫

图 3 - 27　白背飞虱长翅成虫

② 褐飞虱（图 3 - 28）。

卵香蕉状，弯曲，初产时乳白色，后期变淡黄色。

若虫暗褐色或淡黄褐色，近椭圆形，腹部末端较钝圆，腹部第 4、5 节背面有蜡白色横条斑，是区别于短翅型成虫的显著特征。

成虫分长翅型和短翅型。长翅型体长 4～5mm，体黄褐色或黑褐色，复眼绿褐色或黑褐色，前胸背板和中胸小盾片上有3条明显的凸起线，中间1条不间断；前翅半透明，带褐色色泽，翅斑明显。褐飞虱长翅成虫如图3-29所示。短翅型成虫翅短，翅不达腹部末端，体较小，长2～4mm。

（2）发生规律。单食性、迁飞性害虫，只能在水稻和普通野生稻上取食和繁殖后代，湖南一年可发生不完全的6代，长翅型成虫在卵巢发育成熟前有较强的趋光性和趋绿性，成、若虫喜温暖高湿，一般在距水面10cm内的稻丛基部为害。早稻生长后期、中晚稻秧田期及大田生长前期白背飞虱发生量大。

（3）为害症状。成、若虫群集于稻丛下部，吸食稻株汁液，从而引起稻株下部叶片发黄，甚至成片枯死；白背飞虱可传播南方水稻黑条矮缩病毒。

排泄物常引起霉菌滋生（图3-30），影响水稻光合作用和呼吸作用，严重的导致稻株干枯，俗称“冒穿”“穿顶”（图3-31）或“塌圈”，严重时颗粒无收。

图3-28 褐飞虱

图3-29 褐飞虱长翅成虫

图3-30 排泄物引起霉菌滋生

图3-31 稻飞虱为害引起“穿顶”

（三）水稻大田主要病害

1. 纹枯病

（1）危害症状。苗期至穗期均可发病。叶片和茎秆染病，病斑呈云纹状，边缘褪黄，发病快时病斑呈污绿色，后期呈黄褐色，易折。发病严重时数个病斑融合形成大病斑，呈不规则状云纹斑，常致叶片发黄枯死。

穗颈部受害，初为污绿色，后变灰褐色，常不能抽穗，抽穗的秕谷较多，千粒重下降。湿度大时，病部长出白色网状菌丝，后汇聚成白色菌丝团，形成菌核；菌核深褐色，易脱落。高温条件下病斑上产生一层白色粉霉层，即病菌孢子。

（2）发生流行规律。以菌核在土壤中，或以菌丝体和菌核在感病稻草和其他寄主残体上越冬。高温高湿有利于菌核的萌发和菌丝的侵染。种植密度高、田间荫蔽、长期深灌、偏施氮肥或施肥过迟、缺磷钾肥，均会降低水稻的抗病能力，有利于纹枯病的发生与流行。籼稻品种比粳稻品种抗病，高秆品种比矮秆品种抗病，晚熟品种比早熟品种抗病，株型松散品种比株型紧凑品种抗病。纹枯病冲顶如图 3－32 所示，纹枯病田间症状如图 3－33 所示。

图 3－32　纹枯病冲顶

图 3－33　纹枯病田间症状

2. 稻瘟病

（1）危害症状。水稻整个生育阶段皆可发生，主要危害叶片、茎秆、穗部等。根据危害时期、部位，分为苗瘟、叶瘟、节瘟、穗颈瘟、谷粒瘟等。稻瘟病叶部病斑如图 3－34 所示，稻瘟病叶瘟如图 3－35 所示。穗颈瘟如图 3－36 所示，穗颈瘟大面积发病如图 3－37 所示。

图 3－34　稻瘟病叶部病斑

图 3－35　稻瘟病叶瘟

图 3-36　穗颈瘟

图 3-37　穗颈瘟大面积发病

慢性型病斑呈菱形或纺锤形，一般长 1.0～1.5cm，宽 0.3～0.5cm，边缘有黄色晕圈，内圈黄褐色，中间灰白色，两端有坏死线。急性型病斑近圆形或不规则形，暗绿色，病斑背面密生灰色霉层。病斑初期呈水渍状小点，后逐步形成中央灰白、周围褐色、病界明显的梭形病斑，遇适温、高湿条件病菌可迅速蔓延，叶片上形成大量水渍状急性病斑，后变褐色坏死，严重时出现“坐蔸”死苗现象。

（2）发生流行规律。稻瘟病菌以分生孢子和菌丝体在稻草和稻谷上越冬，成为第二年发病初侵染源。次年水稻发病后，病斑组织上产生大量分生孢子，借风雨传播至稻株上，引起多次重复侵染。水稻分蘖至拔节期，遇阴雨连绵天气且日照不足，则有利于病菌侵染和繁殖，易引起流行。氮肥施用过量，植株则贪青徒长、抗病力低，病害发生重。长期深灌，冷水浸灌，易导致发病加重。

3. 稻曲病

（1）危害症状。稻曲病（图 3-38）是水稻生长发育后期发生的一种真菌性病害。稻曲病仅在水稻开花以后至乳熟期的穗部发生。受害谷粒内形成菌丝块，渐膨大，内外颖裂开，露出淡黄色块状物，即孢子座，后包于内外颖两侧，呈黑绿色，初外包一层薄膜，后破裂，散生墨绿色粉末，即病菌的厚垣孢子，有的两侧生黑色扁平菌核，风吹雨打则易脱落至田间越冬。

（2）发生流行规律。水稻破口期至抽穗扬花期是稻曲病菌的侵染时期，此时期遇适温、高湿、多雨（特别是连续阴雨）及少日照，则发病重。施氮过量、偏施偏迟或穗肥过重，种植密度过大和田间透风透光不足，均易导致发病。

图 3-38　稻曲病

4. 南方水稻黑条矮缩病

南方水稻黑条矮缩病是由南方水稻黑条矮缩病毒引起的水稻病害。这种病毒并不能由种子带毒传播，主要通过携带病毒的迁飞性害虫白背飞虱取食水稻时传毒，分蘖前2～6叶期的水稻秧苗易感病。

（1）危害症状。本田初期感病稻株明显矮缩，植株明显矮化，分蘖多，叶色深绿（图3-39、图3-40）。

图3-39 植株明显矮化，叶色深绿

图3-40 植株矮化

叶片僵直，有凹凸不平的皱褶（图3-41）；茎秆出现条状乳白色或白色后变深褐色的小突起（图3-42）；茎节部倒生气须根（图3-43），根系不发达，须根少而短，严重时根系呈黄褐色（图3-44）；抽穗不完全、卡颈（图3-45），不抽穗或仅抽包颈穗（图3-46）。

苗期发病时，心叶生长缓慢，叶片短宽、僵直，叶色浓绿，叶脉有不规则初为蜡白色而后变黑褐色的瘤状突起；植株矮小且根系短小，常提早枯死，即便存活后期也不抽穗。分蘖期发病时，新生分蘖先显症，主茎和早期分蘖尚能抽出短小病穗，但病穗缩藏于叶鞘内。拔节期发病，剑叶短阔、穗颈短缩、结实率低，且叶背和茎秆上有短条状瘤突。

（2）发生流行规律。该病发生流行与白背飞虱（自然传毒介体）、品种抗性密切相关。迁飞性害虫白背飞虱为主要传毒媒介，若虫、成虫均能传毒，且传毒效率非常高。水稻幼苗期，白背飞虱传毒效率高，而水稻至抽穗期后白背飞虱的传毒率明显下降。该病发生流行受白背飞虱越冬虫量及其带毒率、迁飞和降落、生长繁殖等多种因素的影响。中晚稻发病重于早稻。

图3-41 叶片凹凸不平的皱褶

图3-42 乳白色突起

图 3－43　倒生气须根

图 3－44　须根少而短，严重时根系呈黄褐色

图 3－45　抽穗不完全、卡颈

图 3－46　抽包颈穗

（四）稻田杂草

1. 杂草识别

杂草不仅与农作物争抢水分，还会与农作物争抢各种肥分。

禾本科常见杂草：稗（图 3－47）、稻稗、无芒稗、光头稗、芒稗、千金子、双穗雀稗、杂草稻、李氏禾、假稻、马唐、牛筋草、狗尾草、茵草等。

莎草（图 3－48）科杂草：异型莎草、碎米莎草、水莎草、萤蔺、牛毛毡、扁秆荆三棱等。

图 3－47　稗

图 3－48　莎草

阔叶类杂草：耳叶水苋、水苋菜、节节菜、雨久花、鸭舌草、鳢肠、泽泻、矮慈姑、空心莲子草（图 3-49）、丁香蓼（图 3-50）、浮萍等。

图 3-49 空心莲子草

图 3-50 丁香蓼

禾苗与稗草的区别如图 3-51 所示。

图 3-51 禾苗与稗草的区别

2. 杂草消长规律

杂草一般有 2 个出草高峰。第一次高峰为播种（移栽）后 5～10 天，以稗、千金子等禾本科杂草和异型莎草等一年生莎草科杂草为主，此高峰杂草数量大、发生早、危害性大；第二次高峰为播种（移栽）后约 20 天，以莎草科杂草和阔叶类杂草为主。25 天以后，主要是多年生杂草的分株、分枝高峰，及双子叶杂草的持续出草期。50 天以后水稻封行，出草逐渐停止。

二、生防优先绿色防控技术

1. 抗性品种技术

针对稻瘟病、稻飞虱等的常发区，要结合本地生态气候特点，避免栽种病虫害易感品种（抗性水平 7 级以上为易感），选用无病种子及当地的抗耐病品种，培育无病壮秧，增强对病害的抵抗能力。

2. 统一品种、统一布局

在同一栽培区域选择相同栽培模式和种植生育期相近的品种，避免插花田种植，减少病虫害桥梁田（图 3－52、图 3－53）。

图 3－52　统一栽培模式

图 3－53　插花田

3. 翻耕灌深水灭虫灭蛹

越冬代二化螟发育相对较整齐，为减少二化螟越冬虫源，抢在 3 月底至 4 月上中旬大面积移栽前 7～10 天，及时将冬闲田、绿肥田等有效虫源田深耕晒垡。为防止未化蛹幼虫逃逸，旋耕时尽量先将稻田犁碎整平，再灌 7～10cm 深水，浸没稻桩 7 天以上，既可以压低二化螟虫源基数又可以沤制绿肥、抑制杂草萌发（图 3－54、图 3－55）。

图 3－54　深水灭虫灭蛹措施

图 3－55　连片深水灭蛹

4. 性诱剂诱杀

在成虫羽化始期（长沙市二化螟羽化始盛期一般约在 4 月 15 日），全面连片放置二化螟诱捕器，按照外密内疏的布局方法，有效诱杀雄性害虫，降低其交配率（图 3－56、图

3－57)。每亩放置1个诱捕器，外围区稍密，中心区稍疏；水稻分蘖期诱芯离地面50cm，水稻穗期诱芯高于水稻顶端10cm，尽量选用持效期较长的诱芯。未翻耕的板田、春季作物田、油菜与蔬菜田，是重要的有效虫源田，需同时应用性诱杀技术。

图3－56　性诱捕器大面积连片安插

图3－57　诱捕器诱集的二化螟

5. 食诱技术

配合精准预报，在稻纵卷叶螟成虫高峰期前约5天，每亩布置1套食诱剂诱捕器，安装高度以诱捕器底部与禾苗叶尖齐平为准，在生殖成熟前雌雄通杀（图3－58、图3－59）。

图3－58　稻纵卷叶螟食诱剂诱杀效果

图3－59　稻纵卷叶螟食诱包

6. 迷向技术

通过高分子缓释载体释放雄性性信息素，干扰雌虫交配，压低种群（图3－60、图3－61）。

图 3-60 田间迷向剂喷射装置

图 3-61 田间迷向丝

7. 灯诱技术

利用害虫对光的趋性，在田间优先选用风吸式杀虫灯（能够益害分离）（图 3-62），诱杀二化螟、大螟、稻飞虱、稻纵卷叶螟等趋光害虫的成虫，降低虫口基数。采用棋盘式布局，每 30～40 亩放置 1 个，杀虫灯安装时底端离地高度 1.5m，灯距 150～200m。增强灯光诱杀时效，一般天黑开灯，凌晨 1 时关灯，定时清扫虫灰。

图 3-62 风吸式太阳能杀虫灯

8. 生态调控技术

根据田间垄块分布，在田埂上合理布局种植大豆、芝麻等显花作物，为水稻害虫天敌提供栖息场所和转移通道，增强田间害虫天敌蓄积功能，以此利用青蛙、蜘蛛、绒茧蜂、蜻蜓、黑肩绿盲蝽、隐翅虫等捕食性天敌和寄生性天敌的控害作用控制害虫危害（图 3-63、图 3-64）。

图 3－63　田埂种豆

图 3－64　田埂种植显花作物

9. 稻鸭共育控害

在水稻抛秧 15 天、移栽 12 天后，每亩放雏鸭 15～20 只。每天定时收鸭，放鸭时间为 50～60 天，至孕穗抽穗期收鸭。在田的四周围逃生圈，每 5～20 亩围成一圈，控制鸭子群体数量；每 3～5 亩搭建鸭舍一个，并于田间开挖丰产沟若干条（图 3－65、图 3－66）。利用鸭子吃虫、踏草可有效地控制纹枯病、二化螟、稻飞虱、福寿螺和杂草等的危害。

图 3－65　稻田鸭舍

图 3－66　稻鸭共育技术

10. 低茬收割技术

在中晚稻收割时，降低稻桩的留茬高度，稻桩控制在约 10cm，二化螟残虫基数比正常机械收割降低 70％～80％。或在中晚稻收割后，使用机械将稻桩粉碎、打包，既减少病虫基数又能综合利用，增加收益（图 3－67、图 3－68）。

图 3-67　低茬收割稻田

图 3-68　秸秆综合利用

三、梯级控害综合防控技术

1. 浸种消毒

25％氰烯菌酯 2000～3000 倍液（5mL 药剂兑水 10kg）浸种。浸种时保证药水淹没种子 5～10cm，翻动 1～2 次。常规稻种子一般浸种 2～3 天，杂交稻浸种 1～2 天，用清水洗净后进行高温破胸（图 3-69），可预防恶苗病、烂秧病等病害。

图 3-69　浸种消毒

2. 拌种控害

在种子破胸露白或催芽后，将拌种剂和水按比例在容器中混合，搅拌均匀。种子放入拌种机或大容器中，加入拌种剂搅拌均匀，确保每粒种子都均匀沾上拌种剂。拌种控虫如

图 3－70 所示。早稻选用精甲·戊·嘧菌、精甲·咯菌腈、精甲·咯·嘧菌等悬浮种衣剂，重点预防恶苗病、烂秧病；中晚稻选用噻虫·咯·霜灵、苯醚·咯·噻虫、高含量吡虫啉等悬浮种衣剂，重点预防稻飞虱、南方水稻黑条矮缩病。

使用碧护或芸苔素内酯等植物生长调节剂拌种，促根壮苗，增强抗冻、抗旱、抗病虫能力。

图 3－70　拌种控虫

3. 带药移栽

在水稻移栽前 2～3 天，结合田间病虫害发生规律，选用具有内吸性、持效期长且活性好的药剂进行针对性预防。预防纹枯病、稻瘟病可选用嘧菌酯、三环唑、春雷霉素等；防控二化螟可选用四唑虫酰胺、氯虫苯甲酰胺等持效期长的农药；预防稻飞虱、稻蓟马、南方水稻黑条矮缩病可选用吡蚜酮、三氟苯嘧啶等药剂。根据秧苗素质情况，可加入碧护、氨基寡糖素、芸苔素内酯等植物生长调节剂，增强植株抗逆能力。带药移栽技术如图 3－71 所示。

4. 封闭除草

移栽田采用“一封一杀”防控策略。早稻移栽前 1～2 天或移栽后 5～7 天（秧苗返青后），使用丙草胺、苯噻酰草胺、苄嘧磺隆、吡嘧磺隆等药剂及其复配制剂进行土壤封闭处理。移栽前施药，通过耙田将泥浆沾覆药剂落于地面成膜，同时田间保持 3～5cm 浅水层，自然落干。移栽后施药，需注意田间保持湿润或保持 3～5cm 浅水层，以不淹苗心为基准，保水 5～7 天。后期根据田间杂草发生情况，在禾本科杂草 2～3 叶期、阔叶杂草 3～5 叶期，施用噁唑酰草胺、氟砜草胺、灭草松、氯氟吡啶酯等药剂及其复配制剂。施

图 3-71　带药移栽技术

药前要排干水，药后 2 天复水，注意田间保持 3～5cm 水层 7 天。

直播田采用“两封一杀”防控策略。第一次封闭处理：播后 1～3 天，选用丙草胺、苄嘧磺隆及其复配制剂进行土壤封闭处理；在条件适宜的地方，也可在平田时结合施肥同步进行封闭处理，选用丙草胺、异噁草松、苄嘧磺隆、吡嘧磺隆等药剂及复配制剂。第二次封杀处理：在禾本科杂草 2～3 叶期采用丙草胺（封闭药剂）和氟砜草胺、氯氟吡啶酯、五氟磺草胺、氰氟草酯、吡嘧磺隆等药剂中任意 1 种或 2 种复配进行封杀处理。在 2 次处理后，若由于一些综合因素影响导致防治效果不佳，可在田间禾本科杂草 4～6 叶期选用噁唑酰草胺、氰氟草酯、氟砜草胺、氯氟吡啶酯、2 甲 4 氯二甲胺盐、灭草松等药剂及其复配制剂进行杂草防治。

5. 药剂控害

虫害重点抓好 1、3、4 代螟虫，代代重防；2、3 代稻纵卷叶螟和 2、4 代稻飞虱的防治，以控制害虫基数为主。病害主要抓好分蘖盛期、破口抽穗期等关键生育期，进行预防。

二化螟：当卵孵化高峰或枯鞘丛率 5%～8%时，进行施药防治。秧苗移栽、抛秧或机插秧前 2～3 天，在秧床上喷施双酰胺类杀虫剂作为“送嫁药”。对于非抗性区域，选用溴氰虫酰胺·甲氧虫酰肼、乙多·甲氧虫叶面喷雾；对于双酰胺类、有机磷类及大环内酯抗生素类药剂抗药性严重区域，选用丁虫腈、乙基多杀菌素、乙多·甲氧虫、环丙氟虫胺叶面喷施。在发生不重时，挑治枯鞘团。施药期间，保持 3～5cm 的浅水层 3～5 天。

稻飞虱：早稻孕穗至抽穗前虫量达到每百丛 1000 头时，争取一次用药防治过关。中晚稻分蘖期飞虱虫量达到百丛 500 头时施药，孕穗末期，用长持效期药剂“压前控后”，即采用“压四控五”防治措施；回迁虫量大时，选用速效性药剂防治。药剂选用三氟苯嘧啶、乙虫腈、氟啶虫酰胺、环氧虫啶、氟啶虫胺腈、吡蚜酮、烯啶·吡蚜酮、毒死蜱等茎叶喷雾或敌敌畏撒施。稻飞虱暴发时，可用毒死蜱+三氟苯嘧啶茎叶喷雾，田间保持 3～

5cm 水层 5～7 天。

稻纵卷叶螟：卵孵高峰期至低龄幼虫盛发期为施药适期；分蘖盛末期至拔节期有 50 个束尖/百丛或穗期幼虫大于 10000 条/亩的田块，均应重点防治。选用乙基多杀菌素、氰氟虫腙、环虫酰肼、四唑虫酰胺、乙多·甲氧虫等叶面喷雾。生物药剂选用苏云金杆菌、球孢白僵菌、金龟子绿僵菌等叶面喷施。

稻瘟病：抓住分蘖盛末期及破口前期施药，选用肟菌酯·戊唑醇、苯醚甲环唑·嘧菌酯、三环唑、稻瘟灵、吡唑醚菌酯、稻瘟酰胺等叶面喷雾。生物防治可选用春雷霉素、枯草芽孢杆菌、氨基寡糖素、光合菌剂等叶面喷雾。

纹枯病：分蘖末期至抽穗期或发病初期，选用氟唑菌酰胺、噻呋酰胺、苯醚甲环唑·丙环唑、苯醚甲环唑·嘧菌酯、氟环唑、井冈霉素等叶面喷雾。生物防治可选用蜡质/枯草芽孢杆菌、低聚糖素、光合菌剂等叶面喷雾。

稻曲病：抓住叶枕平（剑叶与倒二叶的叶枕平齐，水稻破口前 3～7 天）关键时期，合理选用氟唑菌酰羟胺、氯氟醚菌唑、氟环唑、肟菌酯·戊唑醇、苯醚甲环唑·嘧菌酯、啶氧菌酯·丙环唑等叶面喷雾。生物防治可选用申嗪霉素、蜡质/枯草芽孢杆菌、光合菌剂等叶面喷雾。

南方水稻黑条矮缩病：主要采取“治虱防矮”策略，移栽、抛秧或机插秧前 2～3 天施“送嫁药”，即用吡蚜酮兑水均匀喷雾；移栽、抛秧或机插秧后 15～30 天，用吡蚜酮或三氟苯嘧啶兑水均匀喷雾。

人工或机械喷雾时，每亩药剂兑水 30～45L；无人机喷雾时，每亩药剂兑水 1.2～1.5L，均匀喷施。

第九节　水稻激光平田技术要点

近年来，针对水稻生产中出现的田块不平整、土壤肥力不足、水资源利用效率低等问题，长沙市以粮食生产“四高”试验示范为契机，构建了“培地扩容、激光平田”的优化整田技术，通过不断探索和优化水稻田激光平田技术，为夯实粮食生产根基提供技术支撑。

具体而言，激光平田技术以一个基准点为起点，先利用激光平地仪进行水平校准和扫描，再移动至待测量的地面进行精确对准，以此减少田块的高低落差，提升土地平整度，达到节水、节肥、降本、增产的效果，从而为水稻高产稳产奠定坚实基础。

一、激光平田技术的现实意义

（一）推动水资源高效利用

平整的田块不仅是水稻苗壮生长的基础，也是实现水资源高效利用的关键。田块高差小能够确保水稻均匀获取水分、养分和光照，使得灌溉时水层深度一致，避免局部缺水或积水，为水稻根系创造稳定的水分环境；同时，施肥时养分能够均匀分布，促使水稻根系均衡吸收，有利于水稻健康生长、提高群体质量，为实现高产奠定坚实基础。此外，通过激光平田技术提高田块平整度，可有效减少灌溉水的深层渗漏和无效蒸发，极大地提高了水资源的利用效率，对于保障水稻种植高质量发展具有重要意义。

（二）助力机械化高效作业

平整的田块便于农业机械高效作业，为插秧机和收割机等农业机械提供了稳定的作业平面，能够有效降低机械损耗和生产成本，达到提高作业效率和质量的效果；能够有力推动水稻种植向机械化作业、规模化生产迈进。同时，平整的田块有助于农药和化肥的均匀分布，可有效抑制杂草生长，改善田间通风透光条件，减少病虫害的滋生，增强水稻的抗病虫草害能力，从而减少农药施用量，提升农资利用效率，既降低了生产成本，又保护了生态环境，符合农药化肥减量的政策要求和绿色发展的理念，为现代农业实现可持续发展提供了基本保障。

二、激光平田工作原理及机械选择

目前，土地平整方法通常分为常规平地和精细平地 2 种。常规平地主要采用推土机、铲运机和刮平机在地面起伏大、平整度较差的田块进行粗平，但该方法平整精度较低，仍不能满足水稻种植要求，需要对田块进一步精细平整。精准平地技术主要指激光（全球导航卫星系统）控制平地技术和 GNSS 控制平地技术；常用机械为激光平地机和卫星平地机。

（一）激光平地机

激光平地机（图 3－72）主要由激光发射器、激光接收器、控制器、平地铲和液压系统构成。通过激光发射器发射的激光束旋转形成水平激光面，激光接收器实时接收激光信号，并将其转换为电信号传输给控制器；控制器对比接收信号与预设基准，若存在偏差，则向液压系统发送指令，控制平地铲升降，使其始终保持在设定平整高度，从而实现田块平整作业。

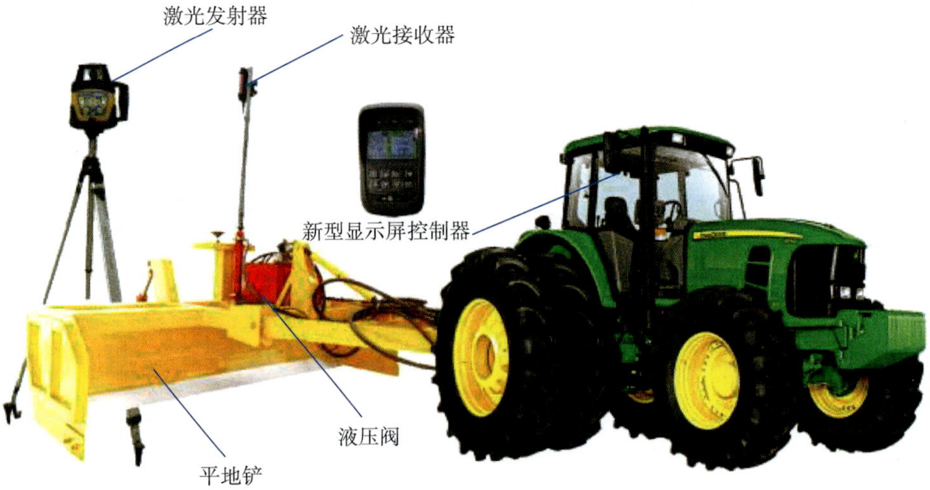

图 3－72　激光平地机

（二）卫星平地机

卫星平地机（图 3－73）包含卫星定位天线、控制器、平地铲和液压系统等部件。卫星定位天线接收多颗卫星信号，精准确定平地铲在田间的三维坐标和高程信息；控制器将获取的高程信息与预设基准高程对比，根据偏差情况控制液压系统调节平地铲高度，从而完成平田作业。

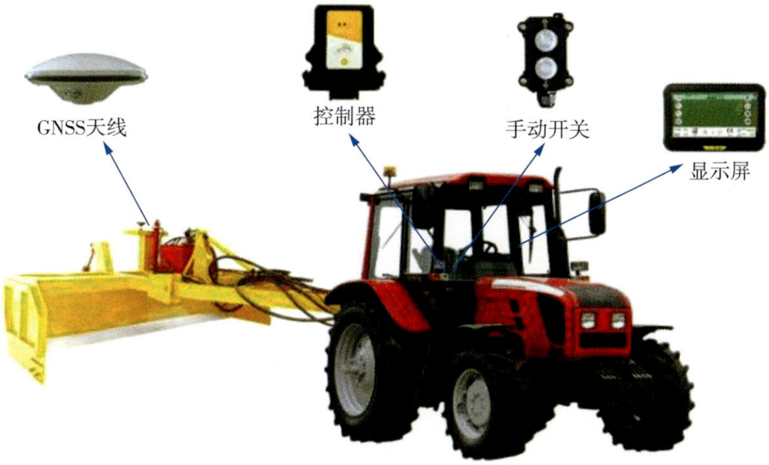

图 3－73 卫星平地机

三、激光平田适用场景选择

由于激光信号的传播距离有限，一般有效作业半径为 200～500m，受天气和地形影响较大，激光信号的传播受到干扰，会导致精度下降甚至无法正常工作。因此，激光平地机适合在小面积、地形相对规则、周围无遮挡的水稻田作业。平田精度较高，可达到±（1～2）cm，适用于对平田度要求严格的精细平整，如试验田、小型农场、蔬菜大棚等。

卫星信号不受距离限制，只要在信号覆盖的区域内，可连续进行作业，即使在一定的恶劣天气下，卫星信号仍能保持相对稳定；精度相对激光平地机稍低，在开阔区域的平地精度通常为±（2～5）cm。卫星平地机更适合大面积、地形复杂的农田，能够快速高效完成平田任务，如大型种植基地或连片农田。

实际应用中，应根据农田规模、地形和作业要求等因素合理进行选择。

四、激光平田参数设定要点

高标准农田建设和粮食生产“四高”试验示范项目要求水稻田块平整度较高，通常田块平整精度应控制在±3cm 以内，确保水稻生长环境一致，利于精准灌溉和施肥，提高水稻产量和品质。为此，需综合考虑农田地形地貌，使用水准仪、全站仪等测量仪器对田块进行详细测量，分析高差变化，根据地形特点，如坡度、地势走向等确定合适的设计高程，确保灌溉水均匀分布且排水顺畅。考虑灌溉水源位置和流向，确保水流畅通且均匀覆盖田块；对于有坡度的田块，可设置合理的梯田式设计高程，使水自上而下缓慢流动，同时兼顾排水需求，防止雨季田块平面积水。沙性土壤渗透性强，其坡度宜适当调小，防止灌溉水过快流失；黏性土壤渗透性差，坡度可适度加大，促进排水，避免积水致使根系缺氧的问题。一般水稻田坡度设定在0～0.3%，具体根据实际情况调整，合理确定坡度，以达到最佳灌溉和排水效果。

五、激光平田机械作业规范

（一）操作关键要领

1. 作业前准备

进行机械安装，将拖拉机与平地机通过三点悬挂进行挂接，安装激光发射器、接收器或卫星天线，并连接好控制器、驱动器。安装完毕后，全面仔细检查调试，确保激光发射器、接收器或卫星定位天线等信号接收和发射装置正常运行，检查液压系统管路是否连接紧密无泄漏、检查平地铲是否升降平稳灵活，保证机械处于最佳工作状态。

2. 基准高程设定与校准

精准设定基准高程是关键，使用高精度测量仪器确定基准点。对于激光平地机，仔细调整激光发射器高度和角度，使其发射的激光面水平；对于卫星平地机，确保卫星定位系统接收信号准确稳定。同时，定期校准基准高程，避免因设备误差影响平田质量。

3. 行驶速度控制

根据土壤质地、平整度要求及机械性能合理控制平地机行驶速度。在土壤松软或平整度较差区域，适当降低速度，确保平地铲充分发挥平整作用；在土壤紧实、平整度较好区域，可适当加快速度提高作业效率，通常速度控制在1～2m/s为宜。

（二）平田作业流程

1. 测量与规划

运用专业测量仪器对水稻田进行全方位测量，依据测量结果，结合田块实际情况，制定平田规划，确定平整区域边界、设计高程、坡度等参数，为后续作业提供指导。

2. 机械就位与参数调整

将平田机械驶入田间指定位置，根据规划的基准高程调整激光发射器或卫星定位系统参数。启动液压系统，使平地铲降至初始工作高度，准备平整作业。

3. 平整作业实施

按照规划路线，平稳驾驶平地机前行。作业过程中，时刻关注激光接收器或卫星定位显示的高程信息，根据偏差及时调整平地铲高度。对于田块平面高差较大区域，可多次往返作业，确保达到平整度要求。同时，采用分层平整方法，先粗平后精平，提高平整效果。

4. 质量检查与验收

完成平整作业后，使用测量仪器对田块平面平整度进行检查，按照设定的平整度标准，随机选取多个测量点，测量高差并计算平均值。对平整度不符合要求的区域，及时进行标记并补平处理，验收合格后方可进行后续种植作业。

（三）作业注意事项

1. 环境因素防范

避免在恶劣天气条件下作业。大风天气会影响激光信号传输和卫星定位精度，导致平整误差；暴雨天气会使田块平面泥泞，增加机械行驶难度，影响平整效果，甚至可能损坏机械；高温天气易使液压系统油温过高，降低机械性能，甚至引发故障。应选择适宜天气作业。

2. 设备维护保养

需定期对平田机械进行维护保养。每次作业后，及时清理机械表面泥土和杂物，检查各部件连接是否松动；定期检查和更换易损件，如激光接收器的光学镜片、液压系统的密封件等；定期对液压系统进行保养，更换液压油，清洗滤清器，确保系统正常稳定运行。

3. 安全操作准则遵循

操作人员必须经过专业培训，熟悉机械操作流程和安全注意事项。作业时，穿戴好安全帽、工作服等防护用品。严禁在机械运转时进行维修和调整。如需检修，务必先停机并切断电源。在田边地头转弯或倒车时，注意观察周围环境，防止碰撞障碍物或发生倾覆事故。

土地平整是保障农业生产的基础条件之一，水稻田平田技术是实现水稻高产、高效与绿色种植的重要保障。通过掌握平田机械的结构原理，选用合适的平田机械，合理设定参数，严格遵循操作要领与流程作业，能够显著提升水稻田的平整度，为水稻生长创造优良环境。这不仅有助于实现机械化作业，还能够助力化肥农药减量，符合高标准农田建设要求，有利于推动水稻产业可持续发展。

第十节　“机械密植”技术需求与要点

一、水稻“机械密植”技术需求

水稻机插秧密植技术，是一种现代化的水稻种植方法，通过机械化育插秧和合理的密植方式，能够提高水稻产量和品质，减少劳动力成本和时间投入。

（一）水稻生产合理密植技术

1. 水稻密植技术的优势

目前，长沙市水稻种植广泛存在插植密度不足现象，导致有效穗数偏少，成为制约水稻单产提升的重要因素。合理密植主要基于植物光合作用的原理。在单位面积内增加作物种植密度，可以扩大叶面积，更充分地利用光能，增加单位面积内的光合作用产量，最终实现增产。根据水稻品种、栽插季节、插秧机选择适宜种植密度，可有效提升产量。

2. 适宜的水稻种植密度

密植并非越密越好，而是要根据不同的品种特性、光热资源、地力条件、栽培管理方式等因素综合考虑，确定合理的种植密度。例如，多穗型、耐肥抗倒、分蘖力弱、株型紧凑的品种适当密些，反之适宜稀；瘦田可适当密、肥田可适当稀。建议采用以下插植规格。

（1）机插秧。行距 30cm，株距 12～14cm，亩用标准育秧盘 24～26 盘（秧盘规格：宽 30cm，长 60cm）。亩用种量杂交稻为 1.5～2.0kg、常规稻为 2.5～3.0kg。机插时秧龄约 3.5 叶，且确保每穴秧苗杂交稻为 3～4 苗、常规稻为 5～6 苗，每亩插秧 1.6 万～1.8 万穴。

（2）抛秧。以 434 穴规格为例，抛秧软盘亩用盘数 41～46 盘，亩用种量杂交稻为 1.5～2.0kg，常规稻为 2.5～3.0kg，秧龄 4～5 叶，每穴秧苗杂交稻为 3～4 苗，常规稻为 5～6 苗，杂交稻每亩插秧 1.6 万～1.8 万穴、常规稻每亩插秧 1.8 万～2 万穴。

（3）直播。千粒重小于 20g 的品种，亩用种约 2.5kg；千粒重大于 20g 的品种，其用种量按比例相应增加，如采用旱直播，用种量要适当加大。整地质量差、播种出苗期天气不佳及鼠害、鸟害、福寿螺等为害较严重的，要适当增加用种量。

（二）水稻机械化育秧技术

1. 水稻机械化育秧技术优势

水稻机械化育秧技术是在育秧过程中使用机械及温度、湿度调节和自动控制等手段，将种、土（育秧专用基质）、肥、水、光、温度和湿度等条件置于人工控制之下的一项技术。采用这种技术所育出的秧苗均匀、整齐、粗壮、规格统一，且便于机插作业，机插后返青快、分蘖早、产量高。

2. 水稻机插秧苗的质量要求

（1）秧块规格标准化。插秧机所使用的是以营养土为载体的标准化秧苗，简称秧块。秧块标准尺寸为长 58cm、宽 28cm、厚 2.5cm，边角整齐方正。长宽度在 58cm×28cm 范围内、秧块整体放入秧箱内，才不会卡滞或脱空造成漏插。

（2）秧苗分布均匀。由于插秧机是通过切土取苗的方式插植秧苗，这就要求播种均匀。播种不均会造成漏插或每穴株数差距过大。标准土块上的播种量，俗称为每盘的播种量。一般杂交稻每盘的芽谷播量为 80～100g，常规粳稻的芽谷播量为 120～150g。插秧机每穴栽插的株数，也就是每个小秧块上的成苗数。每平方厘米秧块平均成苗数为常规稻 1.5～3.0 株、杂交稻 1.0～1.5 株。

（3）秧苗群体质量均衡。为了保证秧块能整体提起，要求秧苗根系发达，盘根力强且土壤不散裂，形如毯状，能整体装入苗箱。插秧前床土含水率在 35%～45%。

（4）秧苗个体健壮。茎基粗扁，叶挺，植株矮壮，叶色深绿，苗基部茎宽＞0.2cm；根多色白，单株白根量 10 条以上，无病株和虫害。

（5）秧龄苗高符合机插要求。机插秧所用的秧苗为中小苗，秧龄一般要求 15～20 天（早稻气温低可适当延长）。苗高 12～17cm，叶龄 3.5～4.0 叶。

（三）水稻机械化插秧技术

1. 水稻机械化插秧技术的优势

目前，长沙地区水稻机械种植方式主要有机械插秧、机械直播、机械抛秧 3 种。机械插秧技术采用插秧机把适合插秧机作业条件的适龄秧苗，按农艺要求和规范栽插到大田。机械直播不育秧，是将露白或浸种后的稻种通过机械直接播种于田间。机械抛秧则是采用钵体育苗盘或纸筒育出根部带有营养土块的、易于分散的水稻秧苗，使用抛秧机将秧苗连同泥土一起均匀撒抛在空中，使其根部随重力落入田间定植的一种栽插方法。水稻机械插秧能够有效保障合理密植、宽行窄株和行距整齐，既均匀又深浅可控，有利于保证秧苗个体的壮实和水稻群体的质量，减少病虫害，从而实现“高产、高效、高品质”的目标。因此，从总体上比较，机械插栽培优于机械水稻机直播和机械水稻机抛秧，是发展水稻合理密植、提高单产水平的有效手段。

通过插秧机的引入，插秧密度得到了更为精准的调控。通过插秧机插秧，可以将株距从 18cm 精细调整到 14cm，同时保持行距为 30cm，显著增加每亩田地的插秧密度。这种灵活的调控能力，使得插秧机在实现合理密植方面发挥了关键作用。通过调整株距，可以精准地控制每亩田地的插秧穴数。当株距调整到 12cm 时，每亩田地为 1.8 万穴苗；当调整到 14cm 时，则能够达到每亩 1.6 万穴苗；而调整到 16cm 时，也能确保每亩有 1.4 万～1.5 万穴苗的合理密度。

2. 水稻机插秧的作业质量指标

机插秧的作业质量对水稻的高产、稳产至关重要，生产上常用以下指标来衡量水稻机械插秧质量。

（1）漏插率。漏插率指机插后穴内无秧苗的穴数（包括漏插和漂秧）占总穴数的百分率。一般要求漏插率＜5％。

（2）勾秧率。勾秧率指机插后秧苗茎基部 90°以上的弯曲苗数所占的比例。一般要求勾秧率＜4％。

（3）伤秧率。伤秧率指机插后秧苗茎基部有折伤、刺伤、撕裂和切断等现象的苗数所占的比例。一般要求伤秧率＜4％。

（4）翻倒率。翻倒率指机插后带土苗倾翻于田中，使秧叶与泥土接触的穴数占总穴数的百分比。一般要求翻倒率＜3％。

（5）漂秧率。漂秧率指插后秧苗漂浮在水（泥）面的比例。一般要求漂秧率＜3％。

（6）均匀度合格率。均匀度合格率指每穴苗数符合要求的穴数占总穴数的百分比。一般要求均匀度合格率＞85％。

（7）插秧深度一致性。一般插秧深度以秧苗土层上表面为基准＜10mm。

（8）行距误差不超过 1cm，株距误差不超过±1cm。

另外，还有一个直立度可以作为机插质量评价指标。直立度指秧苗栽插后与铅垂线偏离的程度，与机器前进方向一致的倾斜称为前倾，用正角表示，反之称为后倾。为避免刮风时出现“眠水秧”（即秧梢全部躺在水里），直立度的绝对值以小于 25°为宜。

水稻“机械密植”技术要求在有限的田地面积上，科学种植适量的水稻植株，以实现最佳的经济效益。这一过程中，还需综合考虑多个因素，包括水稻品种的特性、田地的肥力、气候条件及田间管理的方法等。

二、水稻“机械密植”的技术要点

（一）机插前的准备

1. 田块准备

（1）大田耕整。机插秧采用中小苗移栽，对大田质量要求较高。一般旋耕深度15.0～20.0cm，犁耕深度12.0～15.0cm，不重不漏，田块平整无残茬，高低差不超过3.0cm。泥浆沉实达到泥水分清，泥浆深度5.0～8.0cm，水深1.0～3.0cm。田面要求基本无杂草、杂物、浅茬等残留物。耕整后大田表层稍有泥浆，下部土块细碎，表土软硬度适中。水田的泥脚深度应小于20.0cm，以保证插秧机有较好的水田通过性。插秧时插秧机对水层的深度也有一定要求，由于适合机插的秧苗苗高一般为12.0～18.0cm，插秧的深度为1.5～2.0cm，如果水层太深易导致漂秧。因此，水田水层深度应控制在1.0～2.0cm，才能达到较好的插秧效果。

（2）泥浆沉实。机插秧为中小苗移栽，秧苗只有12.0～18.0cm，若不等泥浆沉实，极易造成栽插过深（泥浆沉淀掩埋、插秧机浮舟壅泥塌陷填埋）或漂秧，倒秧率增加。泥浆沉实时间的长短，根据稻田土质及泥水糊度而定，一般沙质土需沉实约1天、壤土沉实2～3天、黏土沉实约4天。若田脚较烂、泥水较糊，沉实时间需更长些，东北稻区泥浆沉实需要约7天。泥浆沉实要求是泥水分清、沉实不板结，这样才能达到较好的插秧效果。

2. 秧苗准备

根据机插时间和进度安排起秧时间，要求随运随栽。秧盘起秧时，先拉断穿过盘底渗水孔的少量根系，连盘带秧一并提起、平放，然后小心卷苗脱盘，提倡采用秧苗托盘及运秧架运秧。秧苗运至田头时应随即卸下平放，使秧苗自然舒展；做到随起随运随插，尽量减少秧块搬动次数，避免运送过程中损伤秧苗及造成秧块散乱。运到田间的待插秧苗，严防烈日晒伤，应采取遮阴措施防止秧苗失水枯萎。

3. 机器检查

插秧机下田作业前还需再次检查，以免作业时出现故障。主要检查以下方面：检查发动机机油量；检查过滤器的清洁度和空气滤清器的清洁度；检查液压皮带的张紧度；检查主皮带的张紧度；检查转向离合器的分离状态，向注油处注油；检查取苗口的间隙及秧叉的压出时间；确保各紧固部处于紧固状态。水稻插秧机经检查完好后，在进入田块前，根据秧苗、田块的情况，按要求调好纵向取苗量、横向取苗次数、穴距挡位、插秧深度。

（二）插秧机的调试

插秧机正式作业前，必须调整好插秧株距、深度和取秧量，同时进行正确的启动、起步和试插。

1. 密度调节

以东洋PF455S型插秧机为例，株距调节手柄在齿轮箱右侧（面向前进方向），共有3

个调节挡位，从内向外分别是 70、80、90，对应的株距分别是 14.6cm、13.1cm、11.7cm，每公顷基本穴数分别为 210000 穴、240000 穴、270000 穴。

具体调节方法如下。

第 1 步：变速杆置于“中立”位置，插植臂慢速运转。

第 2 步：推或拉株距调节手柄，调节到所需位置（手柄到达确定位置上有“咔嗒”声。若手柄处于 2 个挡位中间时，插植臂无法动作）。

第 3 步：加大油门，使插植臂高速运转，确认株距手柄无掉挡现象。

2. 取秧量调节

（1）横向取秧量的调节。横向取秧量是通过调整秧针在秧块上苗的次数来实现的。

以东洋 PF455S 型插秧机为例，操作要领如下。

第 1 步：插秧机栽植部分空转，将苗箱移到最左或最右侧，将插植离合器拨至“断开”位置，停止发动机。

第 2 步：变速杆拨至“中立”位置，插植离合器手柄和行驶操纵手柄均拨至“连接”位置。

第 3 步：缓慢地拉动反冲式启动器，转动到苗移送星轮将要旋转的位置。

第 4 步：取出苗移送装置上的螺栓，转动苗移送装置调节片所需要的挡位，使螺孔与缺口相一致、内部齿轮啮合到位。若不到位，则可上下推动插植臂使其啮合到位。

第 5 步：变换结束后，用 M6 螺栓固定苗移送装置。

（2）纵向取秧量的调节。各种插秧机的纵向取秧量的调整方法都是调整各个插植臂与苗箱秧门之间的距离，并保持一致。插秧机各插植臂的取苗量应该一致，当发现不一致时应予以调整。

下面以东洋 PF455S 型插秧机为例，说明其调整方法。

以左、右侧的插植臂秧针尖端连成的一直线为基准，调整苗箱导轨的相对位置，具体方法如下。

第 1 步：先调整最左侧的插植臂秧针尖对准取苗卡规基准线。松开纵向取苗量显示板的螺丝，调整长方形螺孔位置，使最左侧的秧针对准取苗卡规的基准线。

第 2 步：调整最右侧的插植臂与苗箱秧门的距离。松开调整螺母，进行调节，使插植臂秧针尖对准取苗卡规基准线。

第 3 步：中间两个插植臂摇杆的一端是一长方形螺孔，只需松开螺母，使秧针对准取苗卡规的基准线后拧紧螺母即可。

3. 深度调节

秧苗机插深度将直接影响到秧苗移栽至大田的成活率和分蘖数，以及每株有效穗数，从而影响最终产量。秧苗机插过深，则秧苗底部前几个节位入泥，导致秧苗不易发生分蘖；机插过浅，则秧苗易漂秧和翻秧，造成漏秧，影响机插质量和水稻产量。机插秧苗叶鞘高一般为 1.5～3.0cm，早稻育秧温度低叶鞘低、晚稻秧苗生长快叶鞘高。因此，机插秧的适宜深度应该是使秧苗的第一节位露在泥表外，从而不影响第一个分蘖。早稻宜浅，尽量不深于 2.0cm；晚稻可适当深一些。

以东洋 PF455S 型插秧机为例。其深度节可通过深度调节手柄来选择 4 个挡位；还可以通过换装浮板后安装板孔选择 6 个挡位，插上面的孔，插深变浅；插下面的孔，插深变深。在调整安装板孔的位置时要注意保证 3 个浮板安装孔的位置一致。其他机型插秧机采用调节手柄进行深度调节，调节后应该试一段距离，再检查并进一步调节。

（三）机插秧的实施

1. 确定行走路线

插秧机作业前首先要考虑如何作业行走，在进入田间作业时选好退出田间的“后路”，预先空出最后一插秧行程和插秧的余地，避免最后从已作业过的田间退出。行走路线应视田块形状而定。插秧时首先在田埂周围留有 4 行宽的余地，按图路线进行插秧作业。科学的插秧作业路线，可提高插秧作业效率。

2. 装秧

插秧机进入田中，给空秧箱装秧时，务必把秧箱移到最左边或最右边，否则会造成秧门堵塞、漏插，甚至损坏水稻插秧机。装秧时把压秧杆掀起，装入秧苗，要让秧苗自由滑下，不要用手推压秧苗，防止影响秧爪取秧的均匀性。秧片要紧贴秧箱，不要使秧苗翘出和拱起。

3. 划印

插秧机在插秧作业中，为保证作业质量和行走的直线性，在相邻两趟之间靠边行时，不出现空挡、压苗的现象。插秧机上有两套装置进行辅助作用，即划印器和侧对行器。

摆动下次插秧一侧的划印器杆，使划印器伸开，在表土上边划印边插秧。划印器所划出的线为下次插秧的机体中心线，插秧时中间标杆对准划印器划出的线。

4. 补给秧苗

当插秧机开始作业和苗箱上一行秧苗即将插完时都要补给秧苗。根据田块的大小和补给秧苗的情况，将一定量的秧苗运放在田头。一般情况下每公顷田需备 300～375 盘秧苗。

5. 转行

当插秧机在田块中每次插秧作业转行时，可按以下 2 种方法操作。方法一是将插植离合器拨到“切断”位置上，降低发动机转速，折回划印器，将液压操作手柄拨到“上升”位置使机体提升，捏动想要旋转一侧的转向离合器，转向靠行后继续插秧。方法二是将手把往上稍稍抬起（机体稍微往上升高），在这种状态下捏动想要旋转一侧的转向离合器，同时扭转机体，注意轻轻旋转使浮板不压表土，找准位置后放下另一侧划印器后继续插秧。

6. 出入田块方法

（1）进入田间的方法。先完全提起插秧装置，主变速杆放在“1”上，副变速杆放在“低速”上，然后慢慢驶入田间。

（2）离开田间的方法。先完全提起插秧装置，主变速杆放在“后退”上，副变速杆放在“低速”上，然后慢慢从田间出来。

（四）插秧机的保养

插秧机使用完，长期存放前应做好以下工作。

（1）对修复后的插秧机擦拭干净，易生锈部位要涂油，脱漆部位应补漆；对所有需要注油部位注满油。

（2）按使用说明书要求添加或更换润滑机油。发动机新机油的更换，应在发动机熄火后趁热进行；完全放净燃油箱和汽化器中的汽油。

（3）为防气缸内壁生锈和气门生锈，通过火花塞孔灌入新机油约 20mL 后，拉动启动器约 10 转；缓慢拉动反冲式启动器，并在有压缩感觉的位置停下来。

（4）为了延长各张紧弹簧的使用寿命，保管时将主离合器手柄和插植离合器手柄放在“断开”位置，液压手柄放在“下降”位置，燃油旋塞为“OFF”状态下保管。

（5）由于齿轮箱油兼用作液压工作油，保管时应特别注意防止灰尘混入，清除主离合器钢丝、秧苗支架钢丝、插秧离合器钢丝及节气门拉线两端灰尘。

（6）检查齿轮箱、侧支架、驱动链轮箱油压，不足时应用规定品级的齿轮油添加到规定油位，若发现齿轮油变质应更换新的齿轮油。活动销、轴、导轨等部位在活动中涂以润滑脂；金属暴露部分，尤其是秧苗移送滑杆、液压缸光杆、插植部件等部件也要充分涂以油脂，以免生锈。

（7）清洗干净的插秧机罩上遮布，放在干燥无灰尘避光的地方保管，并避免与肥料等物接触。清点工具及零配件并妥善保管，以防丢失。

第十一节　稻田无人机飞防作业技术要点

植保无人机施药是一种快速、高效的新型施药技术，具有作业效率高、适用性好、节水、节药和省工等优点，在农作物病虫害防治中发挥着越来越重要的作用。在实际操作过程中要根据气象条件，病虫害发生种类、部位及危害程度，作物种类和生育期，药剂助剂品种，植保无人机机型特点，周边作物和施药环境等方面进行参数调整和优化。

一、确保环境安全

1. 环境条件

仔细查看作业周边环境，确定作业区域及边界，确保作业区域不在有关部门规定的禁飞区域内；确保作业区域和周边没有影响安全作业的林木、高压线塔、电线杆及其斜拉索、信号塔、风力发电机等障碍物。确保作业区域无因电磁环境复杂导致卫星定位信号异常的现象。周边不得有幼儿园、学校、医院等公共设施或人口稠密区，以及水源地、河流、水库等。确保作业区域周边没有非靶标生物，防止航空喷雾雾滴飘移造成非靶标生物（蜂、鸟、鱼、蚕等）毒害和周边作物药害。

2. 气象条件

作业时风力不超过 3 级，优先选择 1～2 级微风天气，避免大风导致药液飘移；作业温度不超过30℃。鉴于夏季气温较高药液易蒸发，根据植保无人机自主作业的特点，高温天气可选择傍晚或夜间作业。

3. 作业时间

在晴朗天气下，上午10时前或下午4时后进行，此时气流稳定，可减少飘移风险；避免雨天或喷药后24小时内可能下雨的情况，如遇下雨需及时补喷。

二、确保作业安全

1. 安全防护

植保无人机作业时作业人员必须佩戴口罩、手套、护目镜，穿长袖上衣、长裤和鞋袜，确保农药不直接接触皮肤。避免处在喷雾的下风位，降低药液飘移及人员中毒风险；避免在大风、雨中进行喷洒作业。起降作业时应远离障碍物和人员，确保10m以上安全距离。严禁在施药区穿行，作业时禁止吸烟及饮食。

2. 应急救护

作业人员若将农药溅入眼睛内应立即将眼睑翻开用清水冲洗10～15分钟；溅入口中立即喝大量的水，催吐；接触到皮肤时，应及时用大量干净、清凉的水冲洗数次；若出现头痛、头昏、恶心、呕吐等农药中毒症状，应立即停止作业，离开施药现场，脱掉污染衣服，漱口、擦洗手，必要时携带农药包装物或标签前往医院就诊。

三、药剂选择

1. 喷雾助剂选择

采用植保无人机施药作业前，应在药液中添加适量的改性植物油、矿物油等喷雾助剂并混合均匀，用于改善农药药液性能，提高雾滴沉降、抗飘移、抗蒸发等性能。

2. 药剂选择

应根据作物种类和防治对象选择登记的农药品种。优先选择植保无人机专用剂型，其次是微乳剂、可溶液剂、悬浮剂、干悬浮剂、水乳剂、乳油、油剂等剂型，或高分散度的可湿性粉剂和水分散粒剂，以免堵塞喷头影响喷雾和防治效果。所选择的药剂应在低稀释倍数下保持稳定，适于低容量喷雾，不出现絮凝等现象，不会对作物产生药害。进行药剂桶混时，要现混现用，大面积应用前须做预试验，确保混配药剂对作物安全。

四、参数设置

设置飞行参数。使用前要校准磁罗盘、确认摇杆模式和电池电力。不同型号的植保无人机应根据亩施药液量设定飞行参数。

水稻封行前，亩施药液量1.0～2.0L，飞行速度3.0～5.0m/s，飞行高度（离作物冠层的高度）控制在2.0～3.0m。

水稻封行后，亩施药液量1.5～3.0L，飞行速度3～5m/s，飞机载液量10～30L时飞行高度控制在2.0～3.0m，载液量>30L时飞行高度控制在3.5～4.0m，避免风场太大造成倒伏。二化螟、稻飞虱等茎基部病虫害防治时提高药液量至3L以上，并在防治适期用药。

五、药剂混配

杀虫剂、杀菌剂等混合使用时需注意兼容性，避免沉淀或反应失效；杀虫剂、杀菌剂尽量不与除草剂混用，避免出现药害。所选药剂均需采用二次稀释法进行配置。最佳混配次序：水分散粒剂、悬浮剂、水剂、可溶液剂、水乳剂、微乳剂、乳油、专用助剂。

六、作业效果调查

施药防治后，要及时对飞防作业质量和防治效果进行跟踪调查。施药后 1、3、7 天分别开展防治效果调查，对防治效果不好的田块，及时更换药剂进行补防。

七、注意事项

1. 无人机保养

施药结束后，要及时清洗药箱、喷头及管路，防止药剂残留导致堵塞或腐蚀，并进行排空操作，长期存放的要使电池处于满电状态。

2. 建立农药使用记录

如实记录使用农药的时间、地点、防控对象及农药通用名称、用量、稀释倍数（浓度）、生产企业等，农药使用记录应当保存 2 年以上。

第十二节　新型农业经营主体的培育与发展

习近平总书记在考察中指出："农村天地广阔，农业大有可为。发展多种形式适度规模经营，培育新型农业经营主体，是增加农民收入、提高农业竞争力的有效途径。"2020 年 9 月，习近平总书记视察湖南时强调："要鼓励发展农民合作社，推动农业适度规模经营，加强对农民的科技服务，提高农产品质量，提高参与市场竞争和应对灾害能力。"培育壮大新型农业经营主体，对于推进农业现代化，实现乡村全面振兴具有重大意义。

新型农业经营主体是在我国传统的小规模、家庭经营农户的基础上提出的。新型农业经营主体当前阶段主要包括专业大户、家庭农场、农民专业合作社，以及龙头企业和经营性农业服务组织，其中家庭农场和农民合作社是新型农业经营主体的主力军。近年来，长沙市高度重视新型经营主体的发展，2024 年主要在种植大户中提质扩面应用粮食生产"四高"技术，辐射带动全市 119 万余亩农田增产增效。

一、培育背景及扶持政策

新型农业经营主体根植于农村，坚持以家庭承包经营的农村基本经营制度，通过土地流转、资金整合、技术引入等手段，成为实现小农户和现代农业有机衔接的有效载体，是带动农民增收的重要平台和促进乡村产业振兴的中坚力量。党的二十届三中全会提出，促进农民合作经营，推动新型农业经营主体扶持政策同带动农户增收挂钩。长沙市制定出台了《长沙市家庭农场管理规范》《长沙市示范农民专业合作社申报认定和运行监测管理办法》等，推动全市家庭农场、农民专业合作社更快更好发展。2024 年先后出台《2024 年粮油生产“百千万”示范创建方案》《长沙市粮食生产“四高”试验示范区双季稻高产竞赛方案》等，市级安排资金支持粮油生产“百千万”示范创建，鼓励区县（市）配套安排资金，对长沙市参与创建的优秀经营主体组织评选，对万亩示范区内示范效果好的经营主体实施以奖代补，在辐射区内广泛开展高产竞赛活动，对效果好的经营主体择优奖励。2025 年出台《2025 年长沙市有效衔接工作与“米袋子”工程互促共进实施方案》，设立 940 万元专项帮扶资金支持粮食生产工作，农业经营主体应用“四高”技术面积达到 400 亩或 800 亩，并满足联农带农要求，可分别获得 10 万元或 20 万元补助。通过出台一系列政策，长沙鼓励经营主体集成推广高产优质优良品种和“四高”双季稻丰产增效关键技术，对应用“四高”技术的新型经营主体加大扶持力度，全面提升粮油种植经营主体的供给保障能力。

二、培育发展现状

（一）基本情况

1. 整体数量逐步增长

近年来，长沙市新型农业经营主体整体数量显著增长。截至 2024 年底，全市家庭农场经营土地面积 100 万亩以上，录入全国家庭农场名录系统的家庭农场达 7113 家，其中市县级以上示范家庭农场 858 家；依法登记的农民合作社 12475 家，其中市县级以上示范社 328 家；农业社会化服务组织 843 家，新增省级农业产业化龙头企业 21 家、规模以上企业 65 家，规模以上企业数量跃升至 741 家。

2. 产业模式不断创新

伴随着国际化进程不断加快，市场融合程度不断加深，国内农产品需求不断变化，长沙市不断创新新型农业经营主体培育、壮大、发展模式，不断增强经济实力、延伸产业链条、提升服务能力，以更快更好适应发展现代农业的时代所需、市场所趋。新型农业经营主体经营范围从粮经结合，到种养结合，再到种养加一体化，一、二、三产融合发展；经营模式由“单打独斗”的传统模式向“家庭农场＋合作社”“家庭农场＋合作社＋公司”“全程托管保姆管理”“家庭农场＋合作社＋合作社自办加工企业”等合作共生模式创新发展；产品销售从单一线下销售，到线上线下相结合，与浏通天下、搜农坊、兴盛优选等电商平台终端销售对接，实现产销两旺。

3. 发展质量持续提升

一是家庭农场和合作社保持良好发展势头和经济效益。长沙市农业农村局统计资料显示，2020 年全市家庭农场年销售农产品总值 80283.2 万元，年经营收入 50 万元以上的达 320 家，农民合作社年经营收入 500 万元以上的达 62 个，成员 31.95 万户，带动农户 12.02 万户。2023 年，全市家庭农场平均年经营收入 40 万元以上，年经营总收入 17.4 亿元，促进返乡创业 168 户，吸纳就业人数 8845 人，合作社年经营总收入 44.2 亿元，成员中普通农户占比 95.5%，带动农户 18 万户。2024 年，全市全年农产品加工销售收入达到 3500 亿元。

二是农民合作社规范化水平不断提升。2020 年全市有 1045 家合作社拥有核心基地，875 家合作社拥有固定销售门面，1927 家合作社进行了“三品一标”注册或认证，96 家合作社创建了自由农业品牌，绝大多数专业合作社建立了“三会”制度，按交易量（额）分配盈余的农民合作社数量逐年递增。

4. 示范带动作用日益凸显

目前，越来越多的小农户与家庭农场和农民专业合作社形成了紧密的联结机制，新型农业经营主体已经成为长沙推进乡村全面振兴、实现农业农村现代化的关键力量。通过示范创建，浏阳市已成功创建全省省级家庭农场示范县，长沙县获评全国农民专业合作社整县推进试点，涌现了一批产业发展好、经济效益高、示范带动性强的经营主体典型。例如，位于望城区靖港镇复胜村的盛世农丰农机专业合作社联合社就是长沙粮食生产“四高”试验示范典型之一，合作社法人何广是“土专家”、高级农艺师，还是一名新型职业农民，合作社联合社种植水稻面积 1500 多亩，并进行了绿色优质水稻认证，已注册“复胜”商标，通过应用粮食生产“四高”技术，早稻平均亩产达到 600kg/亩，晚稻平均亩产 650kg/亩，育秧中心可育秧 2 万余亩，采取“合作社＋公司＋农户”的经营模式，通过产业辐射带动周边农户增产增收，壮大集体经济发展，促进区域粮食生产发展，实现了经济效益和社会效益的双赢。

（二）培育情况

家庭农场和农民专业合作社要高质量发展，最关键的因素在“人”。近年来，长沙市将新型农业经营主体培训纳入全市农业农村人才培训计划，采取“走出去，请进来”相结合的培训模式，组织全市新型农业经营主体到中国农业大学和湖南农业大学等高校及海南等地学习培训，不断开拓视野、转变理念、提升素养，促进全市家庭农场和农民专业合作社高质量发展。

近年来，围绕粮油作物大面积单产提升，长沙市以“理论＋实践”“线上＋线下”方式，邀请资深农技专家，聚焦长沙市粮食生产“四高”双季稻丰产增效关键技术等内容，通过专题培训、短视频、直（录）播课、田间课堂等形式，组织新型经营主体参加粮食生产“四高”实用技术“冬春训”。2024 年，发布应时《农技指导》66 期，制作水稻生产全流程农技推广系列短视频 28 期，邀请行业专家录播 20 期线上课堂，开展 5 期粮食生产“四高”实用技术培训班，参训人数 200 人次以上，开展“智粮平台”App 推广应用 150 余次，受益主体 561 户，培训应用长沙粮食生产“四高”技术的新型经营主体 1000 人次以上，培训内容几乎覆盖种植全过程，让经营主体易懂、易学、易用。

三、思考与建议

习近平总书记多次强调，要抓好农民合作社和家庭农场两类经营主体，不断提高农业整体效益。长沙家庭农场、农民专业合作社正处于快速发展时期，当前和今后一段时期还应狠抓政策落实，加快构建新型农业经营体系，发展多种形式适度规模经营，加强规范管理，提升发展质量。

1. 提升质量水平，鼓励创新发展

长沙市约有上百万农户，家庭农场数量占全省的 1.9%，合作社数量占全省的

10.0%，各经营主体在经营模式上以“单打独斗”为主，经营效益水平参差不齐，平均每个家庭农场年度纯利润约10万元，平均每个合作社年度经营收入约34万元，在质量效益上还可以有更大的发展空间，在模式上有待创新。为此，推进长沙新型农业经营主体高质量发展，还应发展壮大群体、创新发展模式、树立可复制可推广的标杆和典型，提高抗风险能力、健全规章制度、规范经营管理、加强主体合作，探索新的模式，提升整体发展质量。

2. 加大培训指导，主抓效益提升

将对家庭农场主和合作社负责人的教育培训纳入高素质农民和农村实用人才培训计划，通过定期开展培训，设置全面系统课程，全方位提高从业人员素质，增强生产经营管理能力，培育一支有文化、善经营、会管理的新型农业经营主体队伍。进一步加大政策扶持力度，扩大整体受益面。除了项目和资金支持，在农产品认证、品牌建设和设施用地等政策层面出台制定相应扶持措施。引导主体因地制宜选择经营品种，发展适度规模经营，鼓励有条件的家庭农场和合作社与农业产业化龙头企业和经营性农业服务组织的对接联盟，帮助开拓农产品销售渠道，建立稳定的农产品销售衔接机制，提升经营效益，提高农业生产效率和可持续发展能力。

3. 引导协作联盟，延伸产业链条

家庭农场和合作社的规模普遍较小、综合经营效益低、抗风险能力弱，在生产与服务、生产与加工等方面需要不同专业的经营主体在不同的环节加强合作与利益联结。鼓励新型经营主体延伸产业链条，加强农产品初加工、仓储物流、市场营销等关键环节能力建设，推动合作社主业由种养业向产加销一体化拓展。引导家庭农场与农民合作社、农业产业化龙头企业、社会化服务组织开展合作，建立家庭农场联盟，打造新型农业经营组织“联合体”，带动更多家庭农场、合作社按照示范社标准发展运营，从而提升全市家庭农场、农民专业合作社整体发展水平。

第十三节　标准化的管理和制度化的支持

悠悠万事，吃饭为大。党的二十大报告强调：“全方位夯实粮食安全根基，全面落实粮食安全党政同责，牢牢守住十八亿亩耕地红线，逐步把永久基本农田全部建成高标准农田……确保中国人的饭碗牢牢端在自己手中。”保障粮食和重要农产品稳定安全供给始终是建设农业强国的头等大事。在“鱼米之乡”湖南，省会长沙聚焦守牢粮食安全“国之大者”，以咬定青山不放松的韧劲与定力，全力以赴抓牢粮食生产主责主业，率先开展粮食生产“四高”试验示范，2022年以来，“四高”千亩核心示范区双季稻亩产稳定在1200kg以上，万亩综合试验区平均亩产1000kg以上，探索双季稻大面积提高单产成果丰硕，集成了“四高”双季稻丰产增效技术体系，带动了一方百姓增收致富，守护了一城粮食安全底线。

运筹帷幄之中，决胜千里之外。事实上，早在2022年，长沙市发布《中共长沙市委 长沙市人民政府关于做好2022年“三农”重点工作加快建设乡村振兴示范市的实施意见》，明确提出“打造3个高标准、高技术、高产量、高品质的粮食生产‘四高’试验示范”。以此为序幕，长沙市大刀阔斧开展粮食生产“四高”试验示范。领导高位推动，政策接踵出台，服务细致周到……一条条标准化管理的“干货”、一道道制度化支持的“硬菜”，支撑起长沙守牢“星城粮仓”的四梁八柱。

一、领导高位推动，重粮导向坚定不移

制度如纲，纲举目张。粮食安全是“国之大者”，责任制是确保国家粮食安全的重要手段之一。长沙市全面落实粮食安全党政同责，始终坚持主要领导高位推动、市县协同高质推进、专班团队高效落实，将粮食安全这件头等大事放在心上、扛在肩上、抓在手上。省委副书记、省长毛伟明，省委常委、市委书记吴桂英等省市领导亲自挂帅，联点区县创办粮食生产万亩示范片，多次召开专题会议，亲临田间地头督导“四高”工作。一次次现场会商、一次次实地调研，释放出重农务本的强烈信号，传递了稳粮安粮的坚定信心，主要领导靠前指挥，市农业农村局牵头抓总，区县（市）农业部门具体落实，齐抓共管拧成一股绳，上下联动心往一处想劲往一处使，形成了自上而下大抓粮食生产的浓厚氛围。

聚焦守牢粮食安全“命根子”、牵住产业兴旺“牛鼻子”，自2022年以来，长沙市委农村工作会议、市委一号文件连续4年对“四高”工作进行专题部署，市级先后召开30余次会商、观摩、培训、测产活动，凝聚起开展粮食生产“四高”试验示范的强大合力。与此同时，一支长沙粮食生产“四高”试验示范专班队伍迅速集结，市县乡三级农技推广机构协同参与，按照“年内谋划、年内实施、年内见效”的进度目标，全面推进创建工作，从年初实地调研选址，到年中现场技术指导，再到年底讲评总结，长沙市粮食“四高”抓在平时、抓出常态，形成了一级抓一级、层层抓落实的良好态势。

二、政策接踵出台，兴粮举措久久为功

政策给力，精准发力。近年来，围绕抓好粮食生产“四高”试验示范，长沙市打出政策“组合拳”，各种配套保障也应声而动，2022年以来，长沙市连续4年印发粮食生产“四高”工作奖补方案，年投入资金1000万元以上，以真金白银的投入保障了粮食生产“四高”试验示范项目顺利推进。

政策把舵定向，稳粮行稳致远。2022年4月，久经酝酿的《长沙市粮食生产“四高”综合试验示范区工作方案》出台，提出2022—2024年，以农业龙头企业、农民专业合作社、种植大户等新型农业经营主体为主力，发挥院士专家团队科技和人才优势，集成配套推广一批先进适用技术和可持续发展模式，在长沙市建设3个高标准、高技术、高产量、高品质的粮食生产“四高”综合示范区，努力在提高粮食单位面积产量和品质上闯出一条新路子。

紧随其后，《长沙市双季稻丰产主推技术及增效方案》《长沙市粮食生产“四高”试验示范区双季稻高产竞赛实施方案》《长沙市有效衔接工作与“米袋子”工程互促共进实施方案》《长沙市改革和完善地方特色政策性农业保险的实施方案》等重磅文件陆续出台，

打出系列政策组合拳，全方位筑牢长沙推进粮食生产“四高”试验示范的厚实根基。一份份诚意满满的文件陆续出台，长沙市建立健全了粮食安全保障投入机制，出台具体措施强化粮食安全保障，支持粮食生产“四高”试验示范，全力完善农技推广体系，充分调动区县（市）人民政府和种植主体大抓粮食安全的积极性，确保了长沙市推进粮食生产“四高”试验示范有规可依、有章可循，汇聚起兴粮、稳粮的磅礴力量。

三、服务周到细致，送技下乡常抓不懈

春耕不迷茫，专家当导航。2025 年 3 月 18 日上午 10 时许，“农农开讲”直播首秀准时开启，长沙市农业技术推广中心高级农艺师王少希、胡明勇、姚艳红做客直播间，为种田大户答疑解惑。1.5 个小时的直播，吸引了 1800 余名网友在线观看，累计互动点赞量超过 2 万次。这是长沙以周到细致的服务，打通技术下乡“最后 1 公里”的一次生动尝试。

从昔日“面对面”，到如今“屏对屏”，农技专家做客“云端”，紧扣种田大户的技术盲点、关注热点，用通俗易懂的语言答疑解惑，帮助种植户一听就懂、一看就会、一用就灵。事实上，这样的“云课堂”，已成为长沙市农技推广的常态。2024 年“长沙农业农村”微信公众号短视频栏目“农农开讲”上线，紧贴农时、农事，探索“屏上耕耘”短视频农技服务，为种植户推出农业科技的“当季硬菜”。其中，长沙市粮食“四高”写下了浓墨重彩的一笔。截至 2025 年 5 月，围绕水稻高产技术，长沙市已累计制作农技推广短视频 28 期，内容涵盖了从品种选择、催芽育秧、水稻栽插、田间管理到机收减损等水稻生命全周期，用户点赞、转发、阅读量超过 10 万次。

线上直播热火朝天，线下指导如火如荼。院士手把手教种田，专家一对一贴心服务，长沙市政府与湖南省农业科学院签订全面合作框架协议，建立一名院士团队专家联系一个区县（市）的指导机制，以柏连阳院士领衔的专家团队主持审定年度创建工作方案和技术方案，分片指导试验示范的实施，关键农时逐乡镇逐片区深入田间开展巡查问诊、技术指导服务。

以院士团队为智囊，一支更为庞大的农技推广队伍迅速集结。2023 年，长沙市农业技术推广中心牵头成立长沙市粮食生产“四高”试验示范技术指导服务组，团队成员共有 31 名，主要由市、县、乡镇 24 名农技人员和 7 名种植大户组成。他们平均年龄只有 35 岁，其中中共党员有 25 名，“90 后”占比 44%。从繁育良种、绿色防控、科学施肥，到技术推广、农技服务，这支“青年文明号”队伍，以每周 2～3 次的频率，跟随柏连阳院士专家团队，挨个乡镇把脉、逐个片区问诊、每个基地跟踪，手把手指导种田大户落实技术要点。

2022 年以来，市级又新招聘选调 12 名优秀农技人员至市农技中心，县乡两级将分散在各战线上的农业技术专业人才重新调整回农业生产专技岗位，强化农技推广体系建设。这支庞大的农技推广队伍，每周深入田间地头 2～3 次，逐户巡查并跟踪指导，针对“倒春寒”和“寒露风”、福寿螺、病虫害、施肥时间不准及高标准农田建设施工造成的部分耕作层破坏、交田迟、移栽迟、秧龄偏大、稻田不平整等各种问题，提出切实有效的解决措施，年均开展技术指导 300 余次，累计开展技术指导服务 3000 余人次，对示范片区经营主体实现生产技术培训全覆盖，全力打通了技术落地“最后 1 公里”。

第四章

『四高』试验示范成效探索与提升

第一节 长沙县春华镇：“四高”示范成效探索与提升

长沙县春华镇位于长沙县中部，地处长株潭三市融城核心区域，交通便利，生态环境优美。全镇总面积131.8平方千米，耕地面积4.9万亩，其中水田面积4.5万亩，旱田面积0.4万亩，是一个典型的农业大镇。在长沙市粮食生产“四高”试验示范建设的谋篇布局下，长沙县春华镇凭借其独特的地理优势、坚实的农业基础及积极的创新精神，在“高标准、高技术、高产量、高品质”的探索与实践道路上取得了显著成效，成为区域粮食生产现代化的典范。深入剖析春华镇的“四高”示范成效，挖掘其成功背后的关键因素，并探索进一步提升的策略与路径，对于推动长沙市乃至更广泛地区的粮食生产高质量发展具有极为重要的借鉴意义。

一、春华镇“四高”示范建设成效

（一）高标准农田建设夯实农业根基

春华镇始终将高标准农田建设作为粮食生产的首要任务，投入大量资金，实施了一系列农田基础设施改造工程，2019—2024年，实施高标准农田改造面积26706亩。全镇农田实现了全面的田块规整，机耕道网络纵横交错，确保了农业机械能够顺畅通行至每一块农田，极大地提高了农事作业效率。灌溉与排水系统得到了根本性的优化升级，有效解决了以往农田易涝易旱的问题。同时，农田的土壤肥力得到了显著改善，通过实施测土配方施肥技术，精准补充土壤养分，为水稻等农作物的生长提供了肥沃的土壤环境。高标准农田建设成果不仅使农田的抗灾能力大幅增强，保障了粮食生产的稳定性，还为农业规模化经营和现代化生产奠定了坚实的基础。

（二）高技术应用推动农业创新发展

春华镇以万亩粮食生产基地提质建设为核心，按照“一带一心三区五片多点”的功能分区，加快推动国家级田园综合体建设试点。以建设中国种业智园、数字化田园、宜居宜业乐园、农业观光花园为重点，从促进农业高质高效、促进乡村宜居宜业、促进农民富裕富足3个方面，铺排“种业＋农旅”数字田园等18个系列项目，建成集农业种养、农业观光、创意农业、农业教育、农业科技、娱乐游玩、采摘体验等于一体的高品质农业文化旅游“三位一体”综合体。

在育种成果转化与新品种推广方面，春华镇与多家知名科研院校合作，大力推动粮食大面积单产提高。近年来，成功引进并试种了多个具有高产、优质、抗逆性强等优良特性的水稻新品种，如锦两优128、3两优911、隆晶优1212等，显著提高了水稻的产量和品质。在栽培技术方面，全面推广水稻精准栽培技术，借助地理信息系统和物联网等现代信息技术，实现了对水稻生长全过程的精准监测与调控。例如，通过安装在田间的传感器，实时采集土壤湿度、温度、养分含量及水稻植株的生长状况等数据，并及时传输至农业大数据平台进行分析处理，为农民提供精准的施肥、灌溉、病虫害防治等农事操作建议，有效提高了资源利用效率和水稻产量。此外，在病虫害防治方面，大力推广绿色防控技术，如生物防治、物理防治等，有效减少了化学农药的使用量，降低了农产品农药残留风险，同时保护了农田生态环境。

（三）高产量成果充分彰显农业实力

通过高标准农田建设与高技术应用的有机结合，春华镇的水稻产量实现了历史性突破，在区域内乃至全市都名列前茅。近年来，全镇双季稻平均亩产稳定在 900kg 以上，部分高产示范田块亩产量更是突破了 1200kg。这一高产量成果的取得，不仅为保障长沙市的粮食安全作出重要贡献，还极大地提高了农民的种粮积极性和收入水平。在春华镇，种粮大户和家庭农场如雨后春笋般涌现，农业规模化经营水平不断提升。

以春华镇龙王庙村龙伟义为例。其水稻种植面积达 550 亩，未参加“四高”试验示范项目前，双季稻总产量稳定在约 550 吨，2022—2024 年参加“四高”试验示范项目，通过采用先进的种植技术和科学的管理模式，三块双季稻总产量分别为 640.0 吨、639.0 吨、687.5 吨，年纯收入超过 30 万元，成为当地农民增收致富的典型代表。高产量的实现，也进一步提升了春华镇在农业领域的知名度和影响力，吸引了更多的农业企业和科研机构前来合作交流，为农业产业的持续发展注入了强大动力。

（四）高品质稻米打造农业品牌形象

在追求高产量的同时，春华镇高度重视稻米品质的提升，致力于打造具有市场竞争力的优质稻米品牌。从品种选用环节开始，就注重筛选口感好、营养丰富、外观品质佳的水稻品种。在种植过程中，严格控制化肥和农药的使用量，采用生态种植模式，确保稻米的品质安全和独特风味。经过多年的努力，春华镇生产的稻米在市场上赢得了良好的口碑，注册了“星城粮仓”公共品牌，“春华美珍米”“春华町优米”“春华荷香米”等品牌也逐渐崭露头角。通过参加各类农产品展销会和电商平台推广，市场知名度不断提升，销售范围覆盖了长沙市及周边地区的各大超市、农贸市场和餐饮企业，产品供不应求。高品质稻米品牌的打造，不仅提升了春华镇农产品的附加值，还带动了全镇农业产业的升级和发展，促进了一二三产业的深度融合。

二、成效取得的关键因素

（一）政策支持与资金投入

长沙县政府高度重视春华镇的“四高”示范建设，出台了一系列扶持政策，整合全县高标准农田、粮食生产、农机、资源化利用、科技、植保等资金和项目，优先支持示范区建设。长沙县财政局每年安排专项经费用于春华镇的高标准农田建设、农业技术研发与推广、新型农业经营主体培育等项目，特别是在土地流转、农业补贴、金融信贷等方面给予了大力支持，为“四高”示范建设提供了充足的资金保障。

（二）上下联动

建立“县级主导、镇级统筹、主体主责”和“领导联点、专业人员驻点、技术团队支撑”的工作机制，形成上下联动，合力推动“四高”示范区建设。另外，成立春华镇粮食生产“四高”综合试验示范区创建工作领导小组和工作技术服务团队，做好与省市专家的对接，对示范区开展全程技术服务与指导。

（三）因地制宜

结合春华镇种植习惯和现有基础条件，开展“早高晚优”“早高晚高”“早专晚优”“一季稻＋双低油菜”等不同种植模式示范，着力培育特色鲜明、主题突出的示范区，通过优化资本、土地、技术等生产要素的配置，切实提升了农业综合生产能力与效益。

（四）突出科技支撑

成立中国工程院院士柏连阳领头的粮食生产“四高”试验示范专家指导组，由专家牵头指导试验示范区建设，负责试验示范技术方案制定、开展技术人员培训、技术指导服务等工作，及时解决实施过程中的技术问题。

（五）积极开展技术培训

春华镇人民政府联合市、县农技专家团队，定期组织新型经营主体参与培训，传授如何根据本地土壤、气候特性进行水稻选种，如何进行水稻高产栽培，如何进行水稻绿色防控等，培育一批生产经营型、专业技能型和社会服务型职业农民，为春华镇的粮食丰收筑牢根基，助力乡村产业振兴。

（六）加大新型经营主体培育力度

春华镇积极培育新型经营主体，把培育壮大新型农业经营主体作为促进产业提档升级、发展现代农业、带动农民增收、加快乡村振兴的有效途径和重要抓手。通过采取政策调动、资金撬动、示范带动、服务推动等措施，不断加大扶持力度，初步形成了以家庭承包经营为基础，农民专业合作社为纽带，家庭农场为骨干，龙头企业为引领的新型农业经营体系，示范带动新品种、新技术、新模式的推广应用，形成镇政府负责组织推动、各种育秧主体带动、物资资金补贴促动、农民参与联动的“四高”示范区运行机制，为发展现代农业打下了良好基础。

截止到 2024 年 12 月，春华镇共有新型农业经营主体 52 家，其中流转面积 30～100 亩的有 15 家，流转面积 100～200 亩的有 7 家，流转面积 200 亩以上的有 30 家，总流转面积达 15453.5 亩。

第二节 浏阳市沙市镇：从“草退粮进”到“科技丰产”的丰收答卷

初夏时节，浏阳北部捞刀河畔的沙市镇稻浪千重，绿绸般的田野上，无人机群低空掠过，智能灌溉系统精准运作，终端提示音与稻叶沙沙声奏响现代农业的“丰收序曲”。沙市镇这片承载着 6.27 万亩耕地、养育着 7.10 万居民的沃土，正以“四高”试验示范为笔，书写着从“草皮滩”到“吨粮田”的传奇蜕变。

一、土地焕新：激活“沉睡资源”，打造高效粮仓

“三年前这里还是草皮和零散菜地，如今成了高科技农田‘样板间’!”河背村种粮大户邓见加站在田埂上，望着棋盘般的连片稻田感慨万千。2023 年，沙市镇着力创建“四高”试验示范基地，从打造千亩核心片到整镇推进“四高”，沙市镇的种粮“土壤”实现了“升级焕新”。

（一）高标改造，激活农田“新动能”

2023 年，沙市镇以浏阳市投融资创新为契机，开展高标准农田改造。实施“三改”工程，通过田块归并、填塘改农田、边角地整治，23 亩耕地“无中生有”；推行“小田改大田”，河背村将原先 0.8 亩的“豆腐块”田整合成平均 5.7 亩的方正田，实现机械化作业无障碍通行；完善基础配套设施，新建机耕道 10.0km、灌溉渠道 16.0km，铺设智能管网 4.5km，让灌排效率提高 30%，真正实现“旱能灌、涝能排、机宜耕”。

（二）智慧农田，数据成为“新农资”

沙市镇千亩核心区率先构建起“空天地”一体化智慧农业系统，布设了气象站、墒情仪、智能监控等 93 台物联网设备，形成全天候农田感知网络。这些智能装备如同农田的“神经末梢”，实时采集作物长势、土壤墒情、病虫害等关键数据，并通过 AI 算法进行分析研判，为农户提供精准的农事指导。如今，种粮大户只需轻点手机 App，就能远程查看田间实况、实行智能灌溉，真正实现了“指尖管田”。农技人员也可通过智慧平台实时掌握各类数据，及时发现并解决作物生长问题。这种“智慧平台＋远程操控”的新型管理模式，在 2023 年早稻种植季展现了显著成效：节水率达到 38%，田间管理成本降低 10 元/亩，农技服务响应速度大大提高，为现代农业发展注入了强劲的数字动能。

（三）集零为整，拼凑沃土“新版图”

沙市镇大力推进“零散耕地”整合工作，2 年来，累计投入专项资金 100 余万元，打出“扩面奖励＋复耕补贴＋项目支持”政策组合拳，推动耕地资源由“碎片化”向“规模化”转变。其中，赤马村探索的“集体统筹＋大户经营＋农户参与”模式成效尤为显著：早稻面积由 2022 年 480 亩激增至 2023 年 800 亩，2024 年跃升至 1600 亩，实现了“二连跳”奇迹；复耕田亩产突破 500kg，连片率提高至 90%，实现村集体、大户、农户三方共赢。赤马村村干部李颂感叹道：“把土地资源用好，山区也能种出示范田。”

二、技术赋能：从“靠天吃饭”到“藏粮于技”

袁隆平院士曾说：“科技是农业的翅膀，只有不断创新，才能让农业飞翔。”在沙市镇“四高”试验示范区，袁隆平院士的殷切期望正在变为现实。

走进示范区，中国工程院柏连阳院士团队的身影时常出现在田间地头。2 年来，专家们 60 余次躬身示范，在育秧、移栽等关键农时开设“田间课堂”。启两优 2216、3 两优 911 等高产、优质品种在这里落地生根，配合合理密植、科学施肥等创新技术，核心区双季稻亩产高达 1346kg，较传统种植增产 35%，创下连续 2 年亩产超 1300kg 的高产纪录。

更令人振奋的是，示范区构建的“绿色防控”体系正在重塑农业生产方式。2023 年

开始，早稻田翻耕后实施深水灭蛹，在田埂种大豆吸引天敌，2000 余套诱捕器、迷向剂、太阳能杀虫灯织就立体防护网，有效降低了二化螟等迁飞性害虫基数。植保无人机精准作业，农药用量减少 20%。测土配方施肥覆盖率达 100%，冬闲时混播油菜、紫云英配合粪肥还田，化肥用量直降 30%，实现了经济效益与生态效益的双赢。

在这片希望的田野上，由 8 名镇农办农技人员组成的“田保姆”团队全天候守护。2 年来，他们带着“四高”技术深入田间地头，解决实际问题 60 余个；使用智慧平台 48 小时精准预警极端天气，成功应对 6 次强对流灾害；组织 3 场防灾培训，让科技防灾意识深入人心；协助农户理赔农业保险金额 108 万元，为农户撑起“保护伞”。同时，“四高”示范区也为技术团队中的年轻力量提供了学习和实践的平台，通过“干中学，学中干”实现专业能力的快速跃升，真正践行“把论文写在大地上”。

从“望天收”到“科技丰”，从“单打独斗”到“全程护航”，沙市镇用科技的力量改写了传统农业的命运。在这里，每一株稻穗都闪耀着创新的光芒，每一块田地都跳动着科技的脉搏，正向着农业现代化的宏伟目标阔步前行。

三、农民转型：从“老把式”到“新农人”

随着“四高”技术模式的推广和应用，种粮大户都尝到了新技术带来的“甜头”。如今钱包更鼓了，热情也更燃了，农户们不再是原来的“小打小闹”，而是“大展拳脚”。

（一）规模扩张：跨村包地掀起“种粮热潮”

“现在种田，拼的是技术，赢的是眼光，土地还是那片土地，但‘种法’早已换了人间！”河背村种粮大户邓红灿说。2024 年，邓红灿跨村承包近 600 亩栽种双季稻，采用订单农业模式，亩均利润达 400 元。他感叹道：“以前靠种一季稻求稳，现在是靠双季稻‘掘金’。”近 2 年，沙市镇规模种粮大户增加到 52 户，推动双季稻播种比例连年增长，现代农业的规模效益日益凸显。

（二）高产争锋：从“保本思维”到“创优争先”

2023—2024 年，长沙市“四高”高产冠军均出自沙市镇的千亩核心片种粮大户。镇政府也每年制定粮食生产激励政策，评选双季稻“亩产王”，最高奖励 5000 元，农户踊跃报名，种粮积极性高涨。农户主动参加农技培训，田间涌现 9 个“科技示范户”，成为新技术推广的“排头兵”，科技种田蔚然成风。

（三）装备升级：现代农机替代“弯腰弓背”

2023 年以来，沙市镇新增育秧大棚 11500 平方米，目前共有 50000 平方米育秧大棚，能够满足约 1.1 万亩的育秧需求。流水线作业每小时产出秧盘 1200 个，可供近 40 亩稻田。103 台北斗导航农机精准作业，2249 亩早稻 6 天完成移栽；18 名持证“飞手”操控无人机翱翔蓝天。“90 后”新农人李旦自豪地说：“我们这一代农民，玩的是高科技，种的是智慧田！”

站在示范区的智慧农田观测台上极目远眺，广袤稻海绿浪翻涌，智能设备点缀其间，勾勒成数字农业的时代图腾。从“靠天吃饭”到“科技种粮”，从“零敲碎打”到“连片攻坚”，在“四高”试验示范的进程中，由土地升级、技术革新、思想解放交织而成的农业变革，正让每一寸土地都成为孕育希望的“科技粮仓”。未来，沙市镇将以“四高”试验示范为引领，持续完善产业链条，不断提升农业产业水平，为端牢“中国饭碗”贡献更多力量！

第三节　宁乡市金洲镇：三年守望，稻香满田

“一粒种子可以改变一个世界，一项技术可以创造一个奇迹。”在广袤无垠的楚沩大地上，有一群追逐梦想的“四高”人，在希望的田野上续写袁老精神。宁乡市自古以来便是鱼米之乡，粮食生产的摇篮。近年来，宁乡市委、市政府始终扛牢粮食安全政治责任，实现粮食安全党政同责，在提高粮食单产、品质，保障粮食安全，推进粮食产业高质量发展领域不断探索与创新。2022—2024 年，宁乡市以“四高”试验示范为引领，通过集成“高标准、高技术、高品质、高产量”技术，建设粮食生产“四高”综合示范区。2024 年，宁乡市以金洲－双江口、回龙铺－坝塘－资福、花明楼－道林－大屯营乡镇集约化双季稻发展模式，建设千亩核心示范区主体 8 个，共计 2674 亩；万亩综合示范区主体 248 个，共计 55897.46 亩；辐射带动区主体 1063 个，共计 247302.76 亩。

一、高产的奇迹：科技引领，稻浪滚滚

金秋时节，走进宁乡市金洲镇箭楼村圆湖农机合作社的田间地头，一片片金黄的稻田在阳光下摇曳，仿佛是大自然最精致的织锦。这里是宁乡市“四高”试验示范区的核心地带。三年的时间这里的农业生产发生了翻天覆地的变化。

（一）小户变大户的规模化

圆湖农机合作社从 2022 年试点种植面积 230 亩，到 2023 年设置万亩综合试验示范区 2030 亩，再到 2024 年精心打造千亩核心示范区 1040 亩，省级万亩试验区共 3000 余亩，完成了由“散户—小户—大户”的转变，并结合高标准农田建设提升农田质量和生产能力，建设与现代农业生产和经营方式相适应的旱涝保收、稳产高产的农田。

（二）低产变高产的效益化

自 2022 年的双季稻试点采用早专晚优模式种植，每亩产量突破 1000kg，较往年同期同田块每亩增收超 1000 元；到 2023 年提质扩面后，每亩产量仍达到 1050kg，每亩再增收 600 元；再到 2024 年集成关键技术体系，精细化管理的千亩核心示范片每亩产量突破 1200kg，再增收 520 元，增产增收效果显著。

（三）老把式变新把式的科技化

“以前，我们种的水稻亩产也就七八百斤，现在栽培新品种，加上科学的田间管理，亩产轻松破 1000 斤，有的地块甚至能达到 1200 斤！”宁乡市金洲镇的农户黄勇满脸笑容地说。高产的背后，是科技的力量。三年来，宁乡市农业部门与院士专家团队等相关单位紧密合作，引进了一系列高产水稻新品种，如 3 两优 911、Y 两优 911 等，集成配套推广

以“培地扩容、激光平田，因地选种、依茬搭配，机械密植、变量施肥，生防优先、梯级控害”为核心的“四高”关键技术体系，促进良田良制并举、良种良法配套、农机农艺融合等一系列现代农业技术，带动粮食大面积单产提高，推动全市粮食产业高质量发展。

二、高效的探索：农田三变，提高机械化作业率

宁乡市探索实施了“投资人＋EPC＋运营”的新模式推进高标准农田的建设，曾经的碎盖田通过置换合并，实现了优质、集中、连片，结合粮食生产“四高”试验示范区，统筹推进高标准农田建设，打造高品质万亩粮食生产示范片。2019—2023年，宁乡市全域实施“小田变大田”2.75万亩，田块数量由1.50万块减少到0.45万块，平均田块面积从1.30亩扩大到5.10亩。这不仅提高了农机作业效率，还显著提高了农田产出效益。

通过政策引导和市场调控，积极推动土地流转，流转率超60%，促进小户变大户，2024年宁乡市规模化种粮主体达2822户，较去年新增222个。在回龙铺镇规模种植主体超100户，100亩以上种粮主体达84户，土地流转面积达27900亩，为农业规模化经营奠定了基础。

回龙铺镇在建设高标准农田的同时，同步建成灌溉水渠、机耕道等农业基础设施，让这里“再无劣田”，为创建粮食生产万亩综合示范片的创建打下了坚实的基础。“四高”试验示范种植大户李世豪，2023年种植了700多亩水稻，其中有300多亩已经改造成了高标准农田，在柴油、人工、农资成本纷纷上浮的前提下，2023年他的总成本却每亩下降了50～80元。

2024年，回龙铺镇坚持以高标准创建现代粮食“四高”综合试验示范区为工作目标，聚力打造“湖南现代粮食小镇”，创建粮食生产示范片核心示范区2050亩、示范应用区15000亩、示范辐射区10000亩。通过示范片创建，以村级为主体，抓落实争高产，带动镇域经济发展。在“四高”技术的引领下，双季稻核心示范区产量超1150kg/亩，极大地促进了粮食增产。

广袤田野上，农机轰鸣，机声隆隆，一幅幅现代农业的壮丽画卷正在徐徐展开。农田三变，大幅提高了机械化作业率，回龙铺“四高”示范基地采用全程机械化技术，千亩核心示范片工厂化育秧覆盖率达100%，机插机抛率达95%，无人机喷药、施肥作业率达100%，机械收割率达100%，从耕整地、播种、田间管理到收获，全程实现了机械化作业。如今，宁乡市已成为全国第五批率先基本实现主要农作物生产全程机械化示范市。此外，宁乡市以回龙铺为代表的各乡镇还积极探索智慧农业，利用物联网、大数据、人工智能等现代信息技术，对农田进行精准管理。通过安装在田间的各种传感器，可以实时监测土壤湿度、温度、养分含量等关键指标，为科学决策提供依据。

三、高生态的实践：绿色发展，人与自然和谐共生

宁乡市在粮食生产的“四高”试验示范中，大力推广绿色防控和统防统治。一是掌握重大病虫情害发生发展规律，坚持病虫调查、苗情调查与病虫防治相结合。宁乡市植保植检站每年开展田间调查实施精准测报，并及时发布病虫情况，近三年共发布41期，为种植大户时刻掌握田间病虫危害程度和发生趋势，能够及时判断田间病虫基数是否已达到防

治指标，从而快速制定并实施防治方案，精准防控。二是实施病虫害绿色防治集成技术。在花明楼镇朱石桥村周好武"四高"试验示范基地，早稻移栽前就全面实施了深水灭蛹措施。2024年新引进安装二化螟性诱、食诱器（一筒双芯）200多套，诱芯800多枚，结合高标准农田建设项目，安装了太阳能杀虫灯，大幅度减少了二化螟等迁飞性害虫基数。这年4月底开始，实施田埂种植大豆等措施，创造有利于天敌生存和繁殖的环境条件，抑制害虫种群。实施统防统治，推进农作物病虫草害专业化统防统治和绿色防控融合发展，结合一喷多促技术，融合叶面肥、杀菌剂、植物生长调节剂等混合施用，落实化学农药、肥料减量增效行动。2024年，该试验示范基地晚稻产量达555.67kg/亩，较去年增产38.9%，防虫害保增产效果显著。三是积极推广生态农业技术。在"四高"试验示范辐射带动区灰汤镇，积极探索稻鸭共生模式。水稻生长过程中的迁飞性害虫、杂草、福寿螺等为杂食性的鸭子提供了食物，鸭子在田间穿梭时对土壤进行了一次中耕，同时鸭粪也是有机肥料，减少了化肥农药的施用量。以田养鸭、以鸭促稻，鸭和水稻共栖生长。该模式的综合效益为1500～2000元/亩，既实现了生态效益的最大化，又提高了农产品的品质和价值。

三年示范，成效卓越。展望未来，宁乡市的粮食生产工作将继续坚持"四高"发展理念，由点扩面，辐射全市双季稻种植区，不断创新农业技术和管理模式，推动粮食生产再上新台阶。积极学习其他地区的成功经验，不断提升农业社会化服务水平，努力推动农业高质量发展，加快宁乡从农业大市向农业强市的蝶变。

第四节 "稻"路新篇——土地蜕变记
——望城区粮食生产示范成效与提升路径探析

习近平总书记高度重视国家粮食安全，反复强调中国人的饭碗任何时候都要牢牢端在自己手上，饭碗里主要装中国粮。近年来，望城区多措并举筑牢粮食安全根基，推动粮食生产高质量发展，全面开展"高标准、高技术、高产量、高品质"的"四高"试验示范工作。望城区高塘岭街道，凭借着它得天独厚的地理优势和深厚的群众基础，在这场农业生产革新中，写下了浓墨重彩的一页。

一、千亩田畴的"变身记"

这个故事要从高塘岭街道新阳村说起。2023年，这里被选定为长沙市粮食生产"四高"试验示范千亩核心示范片，1000亩的土地，成了这场大变身的"首发阵地"。

在此之前，村里的农田，有的高低不平，大规模播种、收割是个大难题；有的没有沟渠，只能靠天吃饭或者远处引水，及时灌溉、排水都成了难题；有的田埂狭窄，大型农业机械根本开不进去；还有的土壤贫瘠，肥力不足。村民李大叔种了一辈子地，提起过去，总是摇头："看天吃饭，费力不讨好。"但自从粮食生产"四高"工作落地以来，改变了这一切。

“高标准农田建设”施工队进了村，一条条水渠像毛细血管一样延伸到农田的各个角落，这里的村民再也不用担心“旱时浇不上，涝时排不出”；机耕道修得宽阔平坦，收割机、插秧机可以畅行无阻；零散的小田地被平整连成片，一眼望去，横平竖直，格外规整；有机肥的施用和绿肥推广种植让耕地肥力进一步提升。这片经过“精雕细琢”的土地，不仅为田间管理、机械化耕作铺就了康庄大道，更像一位调养好身体的母亲，静静地等待着孕育丰收的希望。2023 年，高塘岭街道联合成片 5 个村共计 1.8 万亩农田，打造为千亩核心示范片和万亩综合试验区，辐射带动周边 10.3 万亩农田，共同拉开了粮食增产的序幕。到了 2024 年，这股热潮更是蔓延开来，全区的辐射带动面积已达 21.3 万亩，粮食生产“四高”的这颗种子，播撒得更广了。

二、科技为秧苗“添翼”

如果说高标准农田是基础，那么高技术的应用，就是让这片土地焕发勃勃生机的关键。

在高塘岭的育秧工厂里，一排排整整齐齐的秧盘上，嫩绿的秧苗长势喜人。“这可不是普通的秧苗，都是‘壮丁’!”负责育秧的技术员介绍道。试验示范区采用了工厂化育秧技术，按照双季稻“早专晚优”“早高晚优”的模式，精选了陵两优 268、潭两优 215、中组 53、耘两优玖 48、泰优 398、Y 两优 911、泰优农 39 等优质高产品种。品种的选择，基本参考了长沙市农业农村局官网推介发布的优良品种。这些品种的秧苗根系发达、抗病性强，旺盛的生命力让它们在后续的生长过程中表现出了较强的抗逆性和高产潜力。

此外，施肥方式也来了个“大革新”。过去，村民施肥总爱“一炮轰”，重氮肥、轻磷钾，重基肥、轻穗肥，全都使用，效果却一般。现在则采用测土配方施肥、增密减氮养分调控技术，通过科学确定基肥与追肥的比例，并在关键时期施用穗肥和叶面喷施水溶肥及植物生长调节剂，实现化肥减量增效，提高肥料的利用率，促进水稻的生长和发育。

病虫害防治，也走在了“绿色”前沿。开春时，趁早翻耕落实深水灭蛹，减少虫源基数；田埂上，挂起了害虫信息素诱捕器、太阳能风吸式杀虫灯，“不费一兵一卒”就把害虫诱杀了。在千亩核心示范片中，更是实行“统一监测、统一药剂、统一时间、统一方法、统一防治”的统防统治工作，防治效果不仅又快又好，化学农药的用量也大大减少。

对于粮食安全的“心腹大患”——镉超标，我们也有妙招，通过种植镉低积累水稻品种，结合土壤改良、科学施肥和灌溉，一套“综合控镉技术”织起了一张安全网，确保了粮食安全的高品质。

而全程机械化的应用，更是让种地变得“轻松”起来。耕田、施肥、育秧、移栽、病虫防治、收割、运输、烘干，从播种到丰收，机器全程“代劳”，节省了人工成本，还提高了生产效率。“以前‘双抢’季节，累得直不起腰，现在机器一响，活儿就干完了，效率真的太高了!”种田村民李大叔感慨道。

三、丰产优质铸“金稻”

科技的力量，最终化作了沉甸甸的稻穗和金灿灿的收成。2023 年，高塘岭街道新阳村的千亩核心示范片，双季稻亩产达 1281.8KG，较万亩综合试验区的高产基础上再增产 10.11%，万亩综合试验区双季稻亩产 1164.1KG，较十万亩辐射带动区增产 13.31%；2024 年万亩综合试验区（含高塘岭街道）双季稻亩产达 1160.6KG，较十万亩辐射区增产 14.6%。这些数字背后，是村民脸上掩不住的笑容。“以前一亩地也就打个几百斤稻谷，现在翻了快一倍！”李大叔算了一笔账，“产量高了，我们的收入自然就上去了。”

更让人安心的是粮食的品质。连续两年，示范区的双季稻经过质量监测中心检测，农药残留和镉含量均未超标。“现在咱们的米，不仅产量高，口感好，吃得还放心，我们现在都是买这些米吃，还有检测报告！”周边群众满心喜悦地说。这“双丰收”，不仅满足了市场对优质粮食的需求，更让望城区的稻米在市场上有了底气。

四、同心协力护“粮仓”

这一切成绩的取得，离不开背后坚实的保障。粮食生产“四高”工作铺开以来，望城区农业农村局立即成立了粮食生产“四高”试验示范工作领导小组，一级抓一级，层层落实责任，确保各项工作有条不紊。望城区农技服务中心的技术骨干组成指导服务组，常年扎根田间地头，积极配合院士专家团队的工作，为农户提供“点对点”的技术支持。“统一编印的技术资料，人手一份；种子、肥料也是统一供应的，我们照着做就行，省心！”李大叔说。遇到难题，还有专家组团来“巡查问诊”，及时排忧解难。

资金层面上，高标准农田建设项目、粮食生产发展专项资金等统筹发力，为中低产田改造、新技术推广等提供了有力支撑。积极联系粮食加工销售龙头企业，推动种植主体与企业达成收购意向，解决了农民的后顾之忧，提高了农民的种植积极性。

五、继往开来拓“稻”途

高塘岭的“四高”示范，已初见成效，但探索的脚步从未停歇。未来，这里的高标准农田将向着更智能、更生态的方向发展。灌排渠、机耕道的维护会更加精细化；物联网、大数据等技术将逐步引进，实现灌溉、施肥的自动化和精准化管理；生态沟渠、生态护坡也将应运而生，让农田不仅是一座粮仓，更是一幅美丽的生态画卷。

高技术的推广应用也将持续深化。更多优质高产的新品种、更绿色高效的栽培技术将在这里试验、推广；技术培训将成为常态化，旨在让更多农民成为“田秀才”“土专家”。

产量和品质的提升空间依然广阔。精准农业管理将每一寸土地都发挥最大潜力；优质大米将走向更广阔的市场，始终守护着“中国人舌尖上的安全”。政策的扶持、人才的引进、产业的融合，将为粮食生产注入新的活力。粮食产业将与农产品加工、乡村旅游等深度融合，让“一粒米”发挥更大的价值。

望城区粮食生产工作将以高塘岭街道为样本，持续推进高标准农田建设、强化高技术推广、提升产量品质和完善保障措施，推动全区整建制粮油作物大面积单产提升，为实现农业现代化和乡村振兴注入更强的动力，书写出更加精彩的“稻”路传奇。

第五节 湘江新区含浦街道：运筹千亩示范，引领万顷增收

湖南湘江新区作为国家级新区，既是湖南省经济发展的核心引擎，也是国家粮食安全战略的重要实践者。新区规划面积 $1200km^2$，涵盖岳麓区全境、望城区和宁乡市部分街镇。2023 年末，湘江新区常住总人口 166.51 万人，现有耕地总面积 17.95 万亩，其中水田总面积 16.50 万亩。承载服务种业安全、粮食安全和农业现代化国家重大战略需求的岳麓山实验室布局于湘江新区。

近年来，湘江新区以“藏粮于地、藏粮于技”为根本遵循，通过政策创新、科技赋能、产业融合和绿色发展，探索出一条具有示范意义的粮食生产现代化路径。2024 年，湘江新区落实粮食生产党政同责，积极参与长沙市粮食生产“四高”试验示范创建工作，全力打造含浦街道九丰村的千亩核心示范片和含浦街道、莲花镇、白箬铺镇的万亩综合试验区，辐射带动区域内主要粮食产区 10 万亩农田单产提高。据实收测产数据统计，千亩核心示范片年亩产超过 1200kg，同比增产 30%以上，片区全年粮食生产达到预期目标。

一、借力“四高”平台，全力扛牢粮食安全责任

湘江新区于 2024 年纳入粮食生产“四高”试验示范建设范围，在主要涉农乡镇全力推进粮食生产工作。领导高度重视，政策予以支持，技术得到落实，以“起跑即冲刺”的动能全面服务粮食安全工作。

（一）党政同责，强化工作机制

一是建立联点责任制。按照全面落实粮食安全党政同责的工作部署和要求，湘江新区建立领导联点粮食生产“四高”试验示范工作机制，建立区、街道（镇）、村（社区）三级书记共抓粮食生产责任机制。二是成立领导小组。湘江新区农业农村与生态环境局成立由书记、局长任组长的湖南湘江新区粮食生产“四高”试验示范工作领导小组，统筹全区粮食生产工作。三是组建工作专班。湘江新区专班设置综合调度、农技服务和农机服务三个组，全面督导工作任务落实，全程做好技术指导服务。同时，街道（镇）派驻专业技术人员驻点服务，及时疏导农业生产中各类堵点难点。

（二）科技赋能，激活生产动能

湘江新区以“智慧农业”为核心，构建“科研院所＋农技部门＋农户”的协同创新服务体系，推动科技赋能粮食生产。一是依托柏连阳院士团队专家高端指导。充分利用“院士农业”和国家水稻产业技术体系专家资源优势，在品种选择、病虫草害防控、土壤墒情监测、耕地地力提升等方面开展新试验、应用新技术。二是落实“四高”双季稻丰产增效集成技术以提高单产。集成配套推广以“培地扩容、激光平田，因地选种、依茬搭配，机械密植、变量施肥，生防优先、梯级控害”为核心的“四高”关键技术体

系，促进良田良制并举、良种良法配套、农机农艺融合，带动粮油作物大面积单产提高。

（三）绿色发展，构建生态体系

湘江新区将绿色发展理念贯穿粮食生产全过程。一是推广生态种养模式。因地制宜推广“稻油轮作”“稻渔共生”等种养模式，推动化肥农药减量，实现经济效益与生态效益共赢。例如，含浦街道核心示范片内划分双季稻种植区、单季稻种植区、稻渔综合种养区、集中育秧区等多个功能区，完善配套服务，实现高产增收。二是推广农业资源化利用。将秸秆、稻壳转化为有机肥和生物质燃料，丰富土壤有机质，促进循环利用。湘江新区在有条件的乡镇建立了秸秆收储中心，在水稻收割期，对于没有全量粉碎还田的秸秆，每天出动车辆巡回收集，做到集中处理、有效利用。三是推广科学施肥增效。实施有机肥替代、减少化肥用量，下发《落实化肥减量增效工作告知书》，指导农户合理使用有机肥，适量施用化肥，改进施肥方式，提高化肥利用率，全面推广分段变量施肥方式。四是推广生物防控技术。把握病虫草害发生规律，实施全过程生物防控。含浦街道核心示范片全面落实“一筒双芯”、探索开展赤眼蜂防螟、稻鸭种养灭福寿螺和田埂种豆栖息有益昆虫等生物防控技术，农田生态环境显著改善。

（四）产业融合，提升粮食附加值

湘江新区打破传统农业单一生产模式，推动粮食生产向加工、储运、销售全链条延伸。一是培育新型经营主体，支持家庭农场、合作社与龙头企业组建产业联盟，发展订单农业。二是建设精深加工产业园，开发胚芽米、米粉、米酒等高附加值产品，打造“湘江香米”区域公用品牌，实现“从田头到餐桌”的增值收益。万亩综合试验区域白箬铺镇通过“龙头企业＋合作社＋农户”模式，与隆平高科合作建设优质稻基地，配套建成精米加工线，带动周边农户增产增收。三是挖掘宣传“六好”资源，结合长沙市“城乡对接·村社互进”行动，畅通城乡要素双向流动，把粮食生产“四高”试验示范区打造成乡村旅游和研学教育基地，激发农村活力，促进农民增收。

二、打造示范片区，精心培养新型经营主体

（一）精心选址核心片区

经过调研，选定位于含浦街道九丰村九江垸内面积约1200亩区域作为千亩核心示范片。项目区域东临长潭西高速公路，路网发达，交通方便；周边有车埠岭、徐家湾、石子塘美丽宜居村庄（美丽村落），环境优美，村容整洁；南靠靳江河，加之该区域属于市级小微水体管护示范片区，水资源丰富，灌溉条件良好；农田平整度较好，平面落差较小，土地肥沃，视野开阔；生物资源品种较丰富，福寿螺危害较轻，无明显重大病虫害发生案例和不良影响。因此，该区域具备水稻种植良好基础条件，周边良田万顷，具有明显的辐射带动效应。

（二）用心培育种植主体

没有农民的现代化就没有农业现代化。近年来，湘江新区把培育新型经营主体作为推进农业集约化、专业化、规模化的有效形式，尤其是湖南湘江新区自组建以来，更是注重

加强对新型经营主体的培育和支持，至2024年初，培育家庭农场超60家、农民专业合作社400余个。核心片区种植主体长沙能翔农业专业合作社从事水稻种植近20年，近几年发展速度增快、规模快速增大。合作社负责人2022年被认定为高级新型职业农民，具有较高水稻种植技术水平，年富力强、懂管理、肯学习、扎根农业的热情高，是新区种粮大户的典型代表。

（三）着重提升经营性服务能力

发达的农业社会化服务是现代农业的重要标志，构建多元化的经营性服务体系是提升农业效能的主要方式。千亩核心示范片的农业专业合作社通过税收优惠政策和政策性信贷支持，缓解了融资困难。通过近几年的发展，合作社内各种农业机械配置齐全，现有抛秧机2台，插秧机2台，收割机2台，旋耕机、开沟机等设备若干，日烘20吨稻谷的烘干设备1套，育秧大棚1个，加工设备1套，建成了集育秧中心、烘干中心、仓储中心、加工中心为一体的多功能区域性水稻产业中心。在满足合作社正常运转的同时，合作社积极参与农业社会化服务，为周边种植户开展代耕、代育、代种等农业经营性服务，推动了农业生产提质增效和便捷式发展。

三、夯实基础条件，着力构建丰产高效集群

（一）开展高标准农田建设

为进一步夯实千亩核心示范片高产基础，2023年10月底到2024年3月底。湘江新区启动并完成该区域高标准农田建设。建设的主要内容包括土地平整1200亩和田埂夯筑，新（整）修灌排渠道6500m，新（改）建机耕路3074m，新建渠系建筑物和道路附属建筑物等。耕地田块通过合并和改造，实现了“小田变大田”目的。同时，运用卫星平田技术平整了300多亩“超大田”（10亩以上单丘田块），平整后同一丘块内落差控制在5cm以下，保证了精准化平整。项目区内机耕道路通达、机械畅通无阻、无人机作业方便无扰、建成了便于机械下田耕作的高质量标准化农田，构建了标准化生产、高产稳产、生态良好的粮食生产基础条件。

（二）落实丰产增效技术

一是推行精细化管理。千亩核心示范片种植主体只有1个，便于管理并将各项技术措施落实到位。多年来的种植经验让该主体已将科学种田变成行动自觉，耕地、选种、育秧、插播等种植全过程全面接受专家团队的技术指导，上肥、水分、病虫草害防控方面实现精细化管理。二是推进耕地地力提升。高标准农田建设后，即施有机肥200kg/亩，及时培肥耕地地力。同时，秋收前后全面种植绿肥，撒施紫云英2kg/亩，以达到增加土壤有机质和地力提升的效果。三是开展集中化育秧。完成3000m^{2}温控联动大棚建设，确保培育充足的宜机壮苗。四是优选高品质品种。根据专家技术团队实地考察，参考长沙市农业农村局下发的主导品种推介目录，选用抗性强、耐性好、米质优的水稻品种，有效提升了市场竞争力，为增收打下了良好的基础。

四、经验启示与未来展望

湖南湘江新区的实践表明，粮食安全必须依靠“政策护航、科技破局、产业增效、生

态筑基”的系统化推进。其经验提供了3点启示：一是以高标准农田建设破解耕地碎片化难题；二是以智慧农业推动农户与现代农业有机衔接；三是以全产业链思维提升粮食产业竞争力。未来，湘江新区计划进一步落实科技种粮举措，扩大智慧农业应用场景，深化农业现代化技术攻关，打造粮食安全精品产业带，为端牢“中国饭碗”贡献更多“湘江方案”。

第五章 社会影响与评价

——春华秋实，金满地粮满仓

三年砥砺，不负韶华，长沙市创造性地开展了高标准、高技术、高产量、高品质的粮食生产“四高”试验示范创建，以田野为卷、奋斗为笔、脚步作答，书写“中国人的饭碗要牢牢端在自己手中”的长沙答卷。这答卷里，有院士团队将论文写在大地上的铿锵足迹，有农技人员打通技术下乡“最后一公里”的忙碌身影，有种田大户高产稳产的丰收笑脸……

食为政首，粮安天下。14 亿多人口要吃饭，这是我国最大的国情。解决好吃饭问题始终是治国理政的头等大事。长沙市自古以来是“四大米市”之一，2011—2023 年，全市常住人口从 709.07 万人增加到了 1051.31 万人，增长 48.27%，而耕地面积却从 417.10 万亩减少到 303.60 万亩（“三调”数据），足足减少 27.21%。近年来，耕地面积有所增长，至 309 万亩左右，但对于长沙市而言，满足全市 1000 多万人口的吃饭问题，保障“米袋子”“菜篮子”“果盘子”“肉案子”稳定充足安全供应，是长沙市委、市政府每天要面对的政治大考、民生必考。长沙市粮食生产常年处于供需紧平衡状态，未来，谁来种地？怎样种地？三年来，长沙市委、市政府严格落实粮食安全党政同责，全市农业部门以咬定青山不放松的定力施粮策、稳粮仓，把大面积提高单产作为确保粮食安全的首要任务、头号工程，坚定不移走依靠科技提高单产之路，探索形成了“培地扩容、激光平田，因地选种、依茬搭配，机械密植、变量施肥，生防优先、梯级控害”为核心的“四高”双季稻丰产增效技术体系和“六良配套”（良制、良田、良种、良法、良机、良态）的“四高”绿色发展模式。

春种一粒粟，秋收万颗子。春秋之间，是长沙市高位统筹、高点谋划、高效推进粮食生产“四高”试验示范的磅礴手笔。看向“四高”的田野：春耕时节，紫云英化身绿肥，育秧大棚开足马力，田间亮出“科技范”；夏管时候，“一桶双芯”使出“美人计”，无人植保机施展拳脚，田间遍布“绿底色”；秋收季节，收割机身手敏捷，运粮车颗粒归仓，田间奏响“丰收曲”。因四时节令而动、向粮食安全而行。

积跬步以至千里，积小流以成江海。稳面、增产、提质，一年一个台阶，从点上开花到面上推进，千亩核心示范片、万亩综合试验区、十万亩辐射带动区全面开花，从 2022 年 1062 亩起步，到 2023 年扩面 61.3 万亩、2024 年辐射 119.0 万亩、2025 年覆盖 200.0 万余亩，“四高”如星星之火渐成燎原之势，目前已辐射长沙市所有种粮乡镇，“四高”双季稻丰产增效技术惠及全市种粮主体 10684 户，越来越多种田大户科技种田尝到甜头、看到奔头、更有劲头。

千淘万漉虽辛苦，吹尽狂沙始到金。从一粒米，到盘中餐，粮食生产“四高”试验示范以科技引领，带动农业增效、农民增收，趟出了一条大面积提高单产的“长沙路径”，让长沙市民的“米袋子”稳稳的，农民的“钱袋子”鼓鼓的。

三年耕耘，长沙市落实“藏粮于技、藏粮于地”，主攻单产，提质增效结出丰收硕果，从一组数据可见一斑：经专家实测实收，2024 年长沙市粮食生产“四高”试验示范，千亩核心示范片、万亩综合试验区、十万亩辐射带动区双季稻年亩产分别为 1284.54kg、1184.83kg、1026.11kg。近三年来，“四高”核心示范区双季稻亩产稳定在 1200kg 以上，综合试验区亩产在 1000kg 以上，双季稻大面积提高单产成果丰硕、成效显著、成绩斐然。

桃李不言，下自成蹊。翻开这份沉甸甸的成绩单，“含金量”成色十足，“含绿量”表现亮眼，实现了经济效益、生态效益、社会效益的多赢。

“含金量”更足，农田增产有看头、农民增收有盼头。近年来，长沙市面向粮食生产“四高”试验示范区开展双季稻高产竞赛，全市涌现了一批亩产超 1200kg 的种粮能手，辐射带动全市水稻大范围均衡增产，成功打造了长沙县春华镇、浏阳市沙市镇等主要粮油作物大面积单产提高的典型，营造了争高产、创纪录、当典型的浓厚氛围，推动全市粮食产业高质量发展。“有柏连阳院士团队的定期生产指导，再加上选种了优质高产的新品种，水稻连年丰产丰收，我们种田底气足！”浏阳市沙市镇河背村种粮大户邓见加科学种田越种越甜，2023 年以来，他连续 2 年夺下“长沙市单产冠军”荣誉，双季稻亩产达到 1339.9kg。他依靠“四高”技术挑上“金扁担”，实现了高产、稳产。据专家测算，长沙市粮食生产“四高”试验示范千亩核心示范片、万亩综合试验区生产成本分别较非示范区高出 35.0%、24.0%，稻谷增产显著，收益远高于非示范区：按照当年早稻干谷售价 2.62 元/kg 和晚稻干谷售价 2.86 元/kg 计算，千亩核心示范片、万亩综合试验区全年纯收入分别为 20630.68 元/hm^2、19437.78 元/hm^2，较非示范区分别增收 87.7%、76.8%，粮食单产增收创新高。一分耕耘，十分收获，越来越多像邓见加一样参与了“四高”试验示范的种粮大户、合作社实现“三连丰”，得益于“四高”技术的实干实绩，他们收获了丰收的喜悦，实现了产量稳、产业兴，不仅让自己“钱袋子”鼓鼓，更让 1000 多万长沙老百姓“米袋子”满满。

“含绿量”更高，农业增绿有看点、产业增效有亮点。从“吃饱吃好”的朴素心愿，到“吃出绿色”“吃出健康”的升级需求，“米袋子”不仅要装满粮，还要装好粮。如何才能产好粮？长沙以粮食生产“四高”试验示范破题，坚持农业绿色发展，带动农业投入品减量增效，构建起双季稻绿色生产技术体系、推广应用模式和政策服务体系，并采取一系列生物防控措施，有效减少了农业面源污染，进一步提高了生态效益，树立了全市水稻绿色高产优质标杆。从优先采用翻耕灌深水灭虫灭蛹，到理化诱控，再到田埂种豆等绿色防控措施，近年来，长沙市探索实现粮食生产“四高”试验示范区病虫害绿色防控覆盖率 100%，针对水稻二化螟、稻纵卷叶螟田间发生情况及规律，提出“一桶双芯”创新推广模式，推动农业生产方式绿色转型。目前，该模式已在长沙市大范围推广应用，覆盖全市所有种粮乡镇、惠及种粮主体 10000 多名。与此同时，通过一系列丰产增效集成技术的应用，长沙市着力推进化肥和农药等农业投入品减量化，探索实施“一场三池”综合治理[即畜禽养殖场、厕所化粪池、养殖场粪污贮存池（收集池、化粪池、沉淀池）、沼气池]，大力开展紫云英推广行动，推进农村秸秆、畜禽粪污和农膜等废弃物资源化，推进粮食采收、储运、加工、消费等产业链低碳化，示范区实现了化学肥料与农药的“双减”，产量与品质的同步提高。数据显示，近年来，长沙市粮食生产“四高”试验示范区双季稻化学农药减少 10%以上，化学肥料减少 10%以上，绿色成为长沙粮食生产“四高”试验示范最亮的底色。

回望来时路，风雨踏征程。探索主攻单产，力争多增产，对于“靠什么来养活长沙”这一时代答卷，长沙市用“四高”铿锵作答。三年为期，硕果累累，一组组数据背后，是长沙市委、市政府矢志不渝誓将“中国人的饭碗牢牢端在自己手上”的使命担当，是市、县、乡、村四级书记勠力同心抓粮、稳粮、安粮的落地见效。如今，“四高”试验示范走出长沙、走向全省，长沙市粮食生产“四高”双季稻丰产增效技术已入选 2024 年、2025 年湖南省农业主推技术，成为长沙现代农业一张闪亮的“金名片”，赢得了领导肯定、专家认可、农户点赞、媒体叫好。

一是赢得了领导肯定。2022 年 6 月 27 日，时任农业农村部种植业管理司司长潘文博一行深入粮食“四高”试验示范片进行现场考察，勉励长沙市要进一步提高“四高”示范片的科技含量、提高品牌效应，探索一种可提高种田收益切实可行的模式。三年来，长沙市粮食生产“四高”试验示范获得了各级领导的密切关注与频频点赞，部、省、市各级领导及外国使团先后深入“四高”基地调研参观 30 余次，对“四高”做法和成效给予高度肯定。2024 年 10 月 9 日，湖南省委副书记、省长毛伟明走进田间地头，深入“四高”试验示范区春华基地调研。他充分肯定长沙创造性开展“四高”试验示范，并勉励长沙要坚持良种、良田、良机、良法紧密融合，带动更多农民利用现代化、智能化手段多种粮、多产粮、种好粮，持续促进粮食增产、农业增效、农民增收。

二是获得了专家认可。院士专家团队鼎力支持长沙粮食生产“四高”试验示范，并为此倾注了大量心血、付出了无尽的汗水，用辛勤的耕耘浇灌出精彩的丰收答卷。作为长沙市粮食生产“四高”试验示范领衔专家，中国工程院院士、湖南省农业科学院党委书记柏连阳，带领技术指导服务组到“四高”基地开展技术指导 40 余次。“‘四高’试验通过良田与良制并举、良种与良法配套、农机与农艺融合，科技赋能粮食生产，让农民种田既轻松又赚钱。”柏连阳院士如是评价长沙粮食生产“四高”试验示范。2024 年 10 月 23 日，长沙市粮食生产“四高”试验示范迎来晚稻测产，中国科学院院士、崖州湾国家重点实验室副主任钱前担任测产专家，带领测产组全程见证并点赞“四高”是新质生产力的代表。在接受媒体采访时，钱前院士说：“亩产 652.82 公斤，这个成绩让我感到非常惊喜。”他说，以前人们追求的是“种三得四”，即“种 3 亩得到了 4 亩的收益”，而现在经过科学管理，1 亩地能种出 1.5 亩地的效果，这都是实施“四高一新”带来的影响。而且，湖南省 2024 年历经洪涝灾害、极端高温的考验，没有风调雨顺的外部条件，还能产出如此喜人的成果，值得全国学习。

三是收获了农户点赞。“四高”得民心，锦旗表谢意。2024 年 2 月 27 日上午，望城区享民种植专业合作社负责人高帅将一面写有“四高示范得农心 增产增收笑开颜”的锦旗送到长沙市农业农村局表达衷心的感谢。高帅表示，得益于“四高”的良师良法及专家组全程的技术指导，2023 年他带领享民种植专业合作社获得粮食大丰收，在不含各类补贴的情况下，每亩收益达到 300 元，较上年翻了一番。“今年粮食生产虽然接连遭遇强降雨、高温等天气，但有专家手把手教种田，在各个关键节点指导我采取科学选种、合理密植、变量施肥、生物防控等措施，增产效果明显，产量超出预期。”金秋时节，喜看稻菽千重浪，2024 年 10 月 23 日，宁乡市金洲镇箭楼村种粮大户、圆湖农机服务专业合作社负责人黄勇向媒体朋友们说出了自己的心声。他跟着院士专家团队在长沙市粮食生产“四高”试验示范区种了三年田，水稻种植面积从 230 亩增加到了 2700 多亩，亩产增加 150 斤，切切实实尝到了科技种粮的“甜头”。数据显示，“四高”双季稻丰产增效技术，每年带动全市 3000 多户种植主体实现高产、稳产。高帅、黄勇、龙伟义、柳涛、邓见加、许海明、李世豪等种粮大户普遍反映实现了增产增收。种田由算不得经济账的产业变成了农户有钱赚的产业，种粮大户从“要我种田”变成“我要种田”，种粮积极性空前高涨。

四是博得了媒体叫好。三年来，长沙市粮食“四高”频频占据各大媒体的头条，在全国收获了大量“粉丝”，赢得了社会广泛关注、媒体大量报道。2024 年 11 月 27 日，农业农村部《种植业快报》刊发《执粮食生产“四高”试验示范之笔　绘“星城”水稻大面积单产提升之卷》一文，推介长沙市粮食生产“四高”试验示范创新之举。《农民日报》持续关注长沙市粮食生产“四高”试验示范探索的集成技术、取得的丰硕成果、带来的综合效益，2022 年 11 月 10 日在头版头条刊发长篇综述《扛稳扛牢粮食安全——湖南长沙市落实总书记嘱托全力以赴抓粮食生产纪实》，对长沙市创造性开展“四高”试验示范的生动实践予以专题报道；2024 年 12 月 6 日，该报在头版重要位置以《优势叠加　向“新”突破——“院士农业”的长沙实践》为题，对长沙市发展“院士农业”守牢粮食等重要农产品稳产保供的新经验、好做法进行专题推介。长沙市粮食生产“四高”试验示范经验收获广泛关注，先后受到新华社、人民日报、中央电视台、经济日报、农村工作通信等 10 余家央媒，以及湖南卫视、湖南日报、三湘都市报、潇湘晨报、湖南科技报、红网、长沙晚报、长沙广电等 10 余家省内媒体的报道推介共计 200 余次，粮食生产“四高”试验示范成为长沙现代农业的一张崭新名片。

时人不识凌云木，直待凌云始道高。“中国人的饭碗任何时候都要牢牢端在自己的手上。我们的饭碗应该主要装中国粮！”牢记习近平总书记殷殷嘱托，始终走在赶考路上的长沙新农人，正朝着培育新质生产力发展现代农业砥砺奋进再出发，书写“粮安长沙有我”崭新篇章。

等闲识得东风面，万紫千红总是春。在希望的田野上，更多“四高”的种子，正积蓄能量、等待破土……

第六章

未来展望

——写在长沙粮食生产『四高』试验示范三年之际

星城长沙，湘江之畔，正以科技为笔、生态为墨，在广袤的田野间绘制现代农业新图景。作为全国重要的粮食生产基地，长沙市自2022年启动粮食生产高标准、高技术、高品质、高产量“四高”试验示范工作以来，辐射带动全市超百万亩农田稳产丰产。站在“十四五”规划的收官节点，展望下一个五年，长沙市正以更开阔的视野谋划粮食生产大面积单产提升的未来路径。这场农业变革正在突破单纯技术改良的局限，向着构建现代农业生产体系的方向纵深发展。

一、科技赋能，构建智慧农业新生态

在长沙县春华镇的高标准农田里，北斗导航的无人插秧机正以厘米级精度播种，搭载多光谱相机的无人机实时监测作物长势。这些场景正成为长沙农业的日常图景。未来五年，长沙农业将探索“5G＋AI”田间管理模式，推动农业物联网覆盖率，建立覆盖全域的农业大数据中心。通过部署田间感知网络，实现土壤墒情、气象变化、病虫害预警的实时动态监测，构建“天一空一地”三位一体的数字农业体系。

在农业科技领域，各类科研机构正致力于生物技术的转化应用，如对第三代杂交水稻的研发，有效提高光能利用率，创造抗倒伏、耐高温的新种质资源。农业机械的智能化革命方兴未艾，可视觉识别系统的全程机械化农机具飞速发展，作业效率大幅度提高，“手机种田”将成为新农人的标配。预计不久的将来，长沙市粮食生产将乘势而为，充分利用国家级生物种业创新中心、岳麓山实验室等的资源优势，实现良种全覆盖、产量新突破。

二、产业融合，打造价值链延伸新范式

在长沙市众多的农业合作社中，种粮大户的观念正在悄无声息地发生变化，从传统的种粮卖谷转化为加工卖米，从单一的种植收获转变为多种经营。在宁乡市现代农业产业园的大米加工厂，稻谷正在经历华丽蜕变，产业链由单纯的大米加工延伸到了米粉及其他米制品生产，稻壳、米糠等附属品等通过循环利用提取米糠蜡、谷维素等，广泛用于油脂化工、化妆品等行业，附加值不断提升。水稻生产全产业链开发模式正在悄然上演，“一粒谷到一条链”的价值奇迹正在持续刷新。

望城区茶亭镇的“花海文化艺术节”、长沙县的隆平稻作文化公园等文旅因素，促进农文旅融合，将农田变成景观、研学基地，开发稻田艺术项目，开展农事体验活动，带动周边农户增收致富，实现“美丽资源”向“美丽经济”的转化，为乡村振兴注入新的动能。

新型经营主体正在重塑产业格局。浏阳市、宁乡市等多家农机合作社联合社，整合农业机械资源，推动“联合社＋家庭农场”经营模式，提供从种到收的全程托管服务，不断降低生产成本，推动小农户与现代农业有机衔接。

三、绿色转型，探索可持续发展新路径

在长沙市的试验田里，一场静悄悄的绿色革命正在进行。至2024年底，浏阳市全域

覆盖绿色种养循环试点项目，推动畜禽粪污资源化利用，粪肥还田 119.6 万吨，化肥减量（折纯）3220.8 吨；长沙市“一场三池”项目建设，推动畜禽养殖粪肥还田利用；开展测土配方施肥技术推广，覆盖率达 91.96％；实施绿肥生产千亩片、百亩点建设，示范带动全市完成 33.5 万亩绿肥种植……农业绿色生态正成为新型种养模式的发展方向，“藏粮于地”正深入人心，成为农业可持续发展的根本保障。

在粮食生产“四高”试验示范基地，病虫草害定点监测网络进一步提升了预警能力，理化诱控和生物防控等多元综合绿色防控技术措施有效维护了生物多样性，降低了病虫害的侵害；大力推广无人机等新型植保机械，专业化统防统治优势进一步显现，农作物病虫草害专业化防治和绿色防控融合发展，化学农药减量增效与农产品安全保障相生相长。

当暮色降临，长沙市的智慧农田里依然闪烁着传感器的微光——这些跳动的数据正在编织现代农业的未来图景。粮食生产“四高”试验示范工作不仅是技术的革新，更是农业生产方式的根本性变革。通过科技创新、产业融合、绿色转型的系统推进，长沙市正在探索一条具有湖湘特色的现代农业发展道路。这种变革不仅关乎粮食安全，更在重塑城乡关系、重构人与自然的关系，为乡村振兴战略的实施提供着鲜活的长沙样本。

在这片充满创新活力的热土上，传统农业正在完成向现代农业的蝶变，书写着新时代高质量发展新篇章。

附录

附录一　长沙市农业技术推广中心技术指导意见

農技指導

长沙市农业技术推广中心（湖南省农业广播电视学校长沙市分校）
湖南省现代农业（水稻）产业技术体系综合（长沙）试验站

第一期　农作物应对雨雪冰冻天气技术指导意见

（2024 年 2 月 19 日）

当前，“立春”已过，“雨水”已来，正值油菜生长发育关键时期，也是促进苗情转化的“窗口期”。根据最新气象预报，预计 19～25 日我市将出现强对流、大风、剧烈降温和持续低温雨雪冰冻天气，平均气温降幅 14℃以上，最低气温降至－3℃，对油菜等大田农作物影响极大，为减轻冻害，特针对油菜、茶叶、果树等作物提出如下技术指导意见。

一、油菜

当前，大部分油菜处于现蕾抽薹期，冰冻天气将会造成部分田块叶片受冻、叶柄压断，田间出现积水，菌核病有可能加重发生，对油菜开花结实和产量形成带来严重不利影响。

1. 清沟排水降渍涝

田间低温雪水会导致地温下降，且积水会形成渍害，影响根系活力。要及时疏通田外排水沟，清理厢沟、腰沟、围沟，确保沟沟相通、排水顺畅，做到田间无积水，降低土壤湿度，提高根系活力，促进养分吸收。

2. 追施肥料促生长

气温回升后分类分区肥水调控，追施速效肥料，促进恢复生长。对受冻轻的地块，可每亩追施尿素 3～5 公斤、氯化钾 3 公斤，同时叶面喷施硼肥、碧护、芸苔素内酯、氨基酸叶面肥等生长调节剂；对受冻重、主薹冻死的地块，不要急于毁种，每亩追施碧护加尿素 5～6 公斤和 5～6 公斤氯化钾，仍可促进侧芽萌发恢复生长。高海拔地区油菜采取起垄护根，增施有机肥或草木灰等措施，增强油菜抗冻能力。

3. 一促四防促结实

受冻害影响油菜茎秆易破裂损伤，造成油菜硼元素吸收受限导致“花而不实”，且更易受菌核病侵染导致加重发生。气温回升后，可将磷酸二氢钾、水溶性硼肥、杀菌剂、生长调节剂等肥药混合喷施，防花而不实、防早衰、防菌核病、防高温逼熟，促进开花结实和籽粒灌浆。

二、茶叶

1. 覆盖防寒

寒潮来临前，成龄茶园可通过搭架或直接在茶树蓬面上覆盖无纺布、编织袋、薄膜或遮阳网等。注意冰冻寒潮结束后尽快移除覆盖物。就地取材，用稻草等农作物秸秆等覆盖茶行土壤，覆盖物厚度一般应达 10cm 以上，以不露土为宜。

2. 熏烟防冻

低温冰冻来临前，根据风向、地势、面积，在茶园合适角落点燃稻草、锯末、谷壳、杂草等发烟物，熏烟起到“温室效应”作用，防止土壤和茶树表面失去大量热量。

3. 适时修剪

待气温回升后，对于受冻严重的茶树，可在枯死部位以下 1～2cm 处将已枯死的枝条剪去，为新芽萌发做准备。

4. 追肥供养

受到冰雪危害的茶树应加强土壤养分管理，应早施春季催芽肥，成龄生产茶园每亩施用 10～20 公斤茶树专用复合肥，幼龄茶园每亩施用 5～10 公斤复合肥，并可配合施用碧护和叶面肥。对于根系受冻茶树，可在新发枝上叶片成熟后进行根外追肥。气温回升后，及时中耕除草改善土壤透气状况，增强茶树根系吸收活力。

三、果园

1. 覆盖保温

可用薄膜、无纺布、草帘等保温材料覆盖树体，减少树冠与雨雪直接接触，建议采取单株或单行覆盖，利于冻雨从覆盖物顺流而下和积雪清理，以防压垮树体。在树盘周围用稻草、秸秆等材料覆盖 10～20cm，或用地膜覆盖，可提高土壤温度。

2. 以烟增温

在寒流来临前，果园备好谷壳、锯木屑、草皮等易燃烟物，每隔 10 米一堆，在寒流来临前当夜 10 点后，点燃易燃烟物。注意控制火势，以暗火浓烟为宜，一般每亩不少于 3～4 个燃火点，据测定熏烟法可提高气温 3～4℃。

3. 及时清雪

及时设施大棚、树冠上和树盘下的积雪。已被冻雨影响树体结冰的，不宜强制除冰，以防树体和枝叶二次机械损伤和伤口感染。对劈折树枝的伤口进行清理和防护，对折断或冻伤枝条进行修剪、清园和无害化处理。

4. 浅耕松土

全园或树盘浅耕松土（切忌伤根），改善土壤通气，促发新根。

5. 及时修剪

在春季升温后截掉受冻枝梢，尽量多保留树冠内部和下部枝梢。对大的剪（锯）口要削平滑、用合适的保护剂保护伤口。对于直接暴露在强烈阳光下的骨干枝，应涂白或绑缚遮阳网防晒。

6. 肥水管理

气温回升后，及时追施碧护和 2～3 次高氮低钾或其他优质商品水溶肥。未落叶的受冻树，及时用 0.1％尿素和 0.3％～0.5％磷酸二氢钾进行叶面喷肥，间隔 15～20 天连续喷施 2～3 次。

第二期　2024 年水稻选种指导意见

（2024 年 2 月 19 日）

一年之计在于春，种植水稻要想收益高，选好品种很重要。选择高产、优质、抗逆性强的品种，可以有效提高产量和质量，增加种粮收益。为保证我市水稻生产开好局、起好步，落实大面积单产提升行动，为全年粮食生产丰收打下坚实基础，针对当前气候特点和我市水稻生产条件，现就水稻选种提出以下技术指导意见。

一、选择主导品种

根据当地气候条件选择品种或根据市农业农村局发布的主导品种名录（详见附件）进行选种。避免盲目选择、乱引种新品种种植。

二、生育期适宜

考虑后茬晚稻的播种及成熟期，早稻品种熟期不宜太迟，宜选择中早熟、抗逆性强、高产稳产且市场适销对路的品种；中稻品种注意不应迟于 6 月 10 日播种；晚稻品种不应迟于 6 月 20 日播种。

三、合理搭配熟期

对于种植面积较大的种植户，要依据水利等基础设施条件统筹好双季稻、中稻、再生稻分区耕种；要统筹好双季稻的早晚稻品种搭配；要按照人力物力资源统筹好分期分批播种。要合理安排茬口衔接，早稻通常以早中熟品种为主，适当搭配迟熟品种。避免单一品种种植，规避倒伏、病虫害暴发风险。

四、选择合法审定品种

严格遵循先试种后扩面的原则，不能为了求新而盲目选择未经试种的新品种；选择试种未经审定的品种风险自担，种植面积应控制在 10 亩以内。

五、选择抗性好的品种

推荐选用杂交稻品种。在稻瘟病易发区，应选用抗病性强的品种；在低温冷害易发地区，应选用抗低温冷害强的品种；在土质肥沃、栽培水平高、自流灌溉区，应选择耐肥抗倒伏品种；在水源不足地区，应选择耐旱品种。

六、选择镉低积累水稻品种

对重金属镉污染中低风险安全利用区，可选择已审定的镉低累积水稻品种，确保食品安全。

七、选择优质品种

为适销对路和满足人民对美好生活的需要，推荐选择米质优良的品种。一般早稻可选择适宜加工成米粉的高直链淀粉含量型品种；中、晚稻推荐选择二等以上优质稻品种。

附件：长沙市 2024 年粮油生产主导品种名单

附件

长沙市 2024 年粮油生产主导品种名单

水稻（33 个）

早稻：中嘉早 17、中早 39、陵两优 1785、欣荣优 123、株两优 189、锦两优 128、中安 2 号（低镉）、中安 7 号（低镉）

中稻：晶两优华占、臻两优 8612（低镉）、和两优 55、臻两优 5438、卓两优 1126、玮两优 7713、珂两优 1019、T 两优 789、望两优 815、臻两优钰占、玮两优 6018、隆两优 1212、万丰优 818

晚稻：Y 两优 911、泰优农 39、泰优 390、桃优香占、扬泰优 128、五乡优粤农丝苗、五优蒂占、恒丰优金丝苗、西子 3 号（低镉）

再生稻：恒丰优粤农丝苗、甬优 4949、万丰优丝占

第三期　育秧钢架大棚设施检修维护技术指导意见

（2024 年 2 月 23 日）

当前正值春耕备耕关键时期，各种植主体要抓紧开展育秧大棚等设施设备检修维护。市农业技术推广中心特提出以下技术指导意见：

育秧设施大棚按平面布局可分为单栋和连栋，按主体结构材料可分为金属结构和非金属结构，按覆盖材料种类可分为软质覆盖材料和硬质覆盖材料等。

维护与保养建议：

1. 主体结构维护

当遇到暴雪时，必须组织人员清理棚面积雪或采取棚内升温加速冰雪融化来减轻骨架的压力。对于基础沉降之类的问题可以采取修复基础、加固骨架的方法处理。若农业机械碰撞了骨架，需及时修复使其复位，并同时检查相关配套设施能否正常运行。骨架在长期使用过程中不可避免地会发生一些微小的变形，对配套设施如拉幕系统、开窗系统等的正常运行极为不利，应引起重视。应适时对骨架进行一次全面的维护保养，检查重点部位构件有无生锈、是否发生变形、紧固件有无松动、各连接部位是否牢固等，发现问题要及时处理。设施大棚的主体结构材料多为金属材料，要注意防锈处理。温室内尽量限制杀虫剂、除草剂、生物处理制品的最大使用量，控制硫氢混合物的浓度，在使用杀虫剂后，尽可能快地对温室进行通风处理。

2. 覆盖材料维护

（1）塑料薄膜。塑料薄膜过紧、过松，都会影响其使用寿命，也会影响大棚内的正常采光。在使用一定时间或大风过后，由于老化和压力的作用会引起薄膜拉长，这时需要重新安装卡簧，以保证薄膜张紧，若有破损，要及时修补。及时检查调节压膜线、不宜过紧或过松。（2）玻璃。在日常维护清洗玻璃时，应使用中性清洁剂进行玻璃清洗。应注意保护玻璃硅酮密封胶和镶嵌玻璃的铝合金框，防止玻璃破碎和铝合金框变形。（3）阳光板。阳光板若表面积尘时，使用低于 60℃的温水清洗，不能用对阳光板有侵蚀作用的洗涤剂。（4）遮阳网。使用时不要用重物钩挂或拉坠；有掉线时，可用剪刀将掉线头剪断，不要人为抽拉织线；如破损过大，可人工用线顺式编缝。

3. 配套设备维护

（1）电控箱。电控箱是集各类电气开关、指示灯、控制变压器、接触器、各电气连接导线于一体的箱体。在使用前，要注意检查箱体是否安全接地；输入、输出电源导线绝缘层是否有破损或有断路、短路现象；输入电压是否在安全使用范围内。（2）电动卷膜器和拉幕电机。电动卷膜器和拉幕电机在高温、高湿的环境中工作，导线极易损伤和老化，及时检查导线是否完好。可使电机空载转动或用手盘动电机转轴，以确认电机转动部分有无锈蚀、咬死；检查润滑油是否在正常标定内；检查传动轴及负载部分（遮阳网或塑料薄膜）有无阻碍物或转动位置是否改变。(3) 手动卷膜器应注意防酸、防碱，不宜用油类物质进行保养或润滑。(4) 灌溉系统的维护保养。要检查供水管线有无跑、冒、滴、漏现象，阀门的完好程度，滴灌和喷灌喷头是否脱落堵塞。定期对水处理系统保养，保证设备运行状态良好。

第四期　早稻集中育秧技术指导意见

（2024 年 2 月 26 日）

当前是春耕备耕的关键时期，“育好秧”是切实提高秧苗质量，培育宜机壮秧获取丰收的基础。根据我市气候条件及早稻生产实际情况，现就 2024 年早稻集中育秧提出如下指导意见：

一、育秧前准备

（一）选种

清水选种，种子用清水浸泡 4～5 小时后捞出浮在表层的秕谷，选用饱满稻种，为培育整齐健壮的秧苗打好基础。

（二）种子处理

一是要浸好种。浸种前应在晴天先晒种 1～2 天，浸种时要结合种子消毒进行，可先用 25％咪鲜胺乳油 2000～2500 倍稀释液或 40％三氯异氰尿酸（强氯精）300～500 倍稀释液浸种消毒 8～10 小时，捞出种子用清水洗净后，再用清水浸种 10～12 小时，水温低时适当延长。恶苗病发生严重的地区可选用氰烯菌酯浸种。二是要催好芽。催芽时温度控制在 35℃～38℃，温度过高或过低都要及时调整。谷种露白破胸后待芽长至半粒谷、根长至 1 粒谷的长度时，摊开在常温下炼芽 3～6 小时即可播种。工厂化育秧在破胸露白时播种，不需催长芽和炼芽。

二、播种阶段

1. 播种适期

一般日平均气温稳定通过 12℃时，抓住冷尾暖头，抢晴播种。长沙地区一般在 3 月中下旬播种。水稻的秧龄要根据品种来确定，原则上控制在 30 天以内，避免大苗移栽，大户可按 100 亩左右分批播种，每批间隔 2～3 天。

2. 播种量和秧盘数

机插秧：早稻机插秧一般使用 7 寸秧盘，杂交稻每亩 25～30 盘，每盘播种量 110～130 克，一般每亩大田用种量 3.0～3.5 公斤，秧床与大田的面积比例是 1∶100 左右。常规稻每亩 30～35 盘，每盘播种量 130～150 克，一般每亩大田用种量 5～6 公斤，秧床与大田的面积比例是 1∶80 左右。

机抛秧：按照早稻常规稻 4～5 公斤/亩、杂交稻 2.5～3.0 公斤/亩左右确定总播种量，每穴播种量常规稻 4 粒左右、杂交稻 2～3 粒。秧床与大田的面积比例是 1∶60 左右，以 416 孔水稻有序抛秧机专用秧盘为例，早稻亩用 45～55 盘，保证每亩抛 2.2 万蔸以上。

3. 摆盘播种

机插秧摆盘播种要点：播种前准备好营养土或商品基质等物资，种子破胸露白后利用自动化流水线一次性完成装（营养）土、淋水、播种、覆土等工序。播好的秧盘一盘一盘叠起，将播种好的秧盘先进行叠放，每叠 20～25 盘。集中放入能控温控湿的标准育秧温室内（温度 30～32℃，湿度≥90％）或叠放在大棚内（每叠最上面要放上空秧盘）。叠盘时间以叠后到芽长 1 厘米左右为标准，不宜太短或太长。标准温室育秧一般叠盘出苗 48 小时，其他方式叠盘出苗视气温高低而定，一般 2～3 天。

机抛秧摆盘播种要点：摆盘时秧床正中央拉线，在中线的两边各横摆一张秧盘，用木板压实，做到盘与盘衔接无缝隙，软盘与床土充分接触不留空隙，无高低。盘底与秧床表面紧密贴合，以保证秧床与盘内营养土墒情一致。秧板不硬的用无纺布或编织布铺好隔泥层，摆盘后要进行压盘。摆盘后撒底土，先撒三分之二，底土铺平后喷水，一次喷足，使底土达饱和状态；水喷足后便可播种，力求均匀，每孔 3～4 粒谷。撒完种后撒盖土，以不见种子为宜，切忌盖土不能过满，防止后期蹿根，影响抛秧。

4. 苗床消毒

做好床土和育秧基质消毒处理。播种流水线对秧盘、种子、基质用咪鲜胺或敌磺钠（敌克松）等药剂淋水消毒，播种摆盘秧厢用 30％噁霉灵或 25％咪鲜胺或 55％敌磺钠（敌克松）可湿性粉剂 800 倍液等对床土均匀喷洒进行消毒处理。

三、秧田管理

1. 湿润育秧秧田管理

播种前要选择土质松软、水源清洁、排灌良好的田块，做好通透性好的半旱秧田。

（1）温度管理：采用薄膜或地膜保温育秧的田块，适时两头揭膜通风，防止病害；如遇持续高温天气（膜内温度≥35℃）及时揭膜通风，防止烧苗。雨后猛晴时，切忌突然揭膜，应先通风炼苗再揭膜，同时边洒水或灌水。1 叶 1 心期，适温保湿壮苗，控制徒长，防止绵腐病、立枯病发生。2 叶 1 心期，通风炼苗，施肥促蘖，培育壮秧。3 叶 1 心期，日揭夜盖。

（2）科学管水：揭膜时灌平沟水，自然落干后再上水，如此反复。晴天中午若秧苗出现卷叶要灌薄水护苗，雨天放干秧沟水；气温正常后及时排水透气，提高秧苗根系活力；移栽前 3～5 天控水炼苗。

（3）适时适量施肥：一般在 1 叶 1 心期，即播后 7～8 天根据床土肥力、秧龄和气温等具体情况因地制宜地施用断奶肥，移栽前 5～7 天酌施“送嫁肥”，施后喷淋一次清水或移栽前 3～5 天施“起身肥”，一般亩施尿素 4～5 公斤。长势偏弱的秧苗增施磷钾肥，促进恢复生长。

2. 工厂化大棚育秧苗床管理

（1）播种至出苗。采取播种时一次淋足、弥雾浇水等措施保湿促出苗。

（2）齐苗至 1 叶 1 心。出苗后平铺，控温保湿，促进根的正常生长。棚内温度控制在 25℃～28℃，超过时打开膜口。一般播种后 3～5 天，苗见绿后，就开始通小风，中午 11

时打开，下午 3 时关闭。发现有顶盖和露籽，要及时用木棍落盖和补土。出苗后减少喷水次数，不干不喷水。

(3) 1 叶 1 心至 2 叶 1 心。棚内温度控制在 20℃～25℃，日出前打开棚膜，下午 4 时关闭风口。阴天中午打开两个小时通风换气。温度低于 10℃时，缩短通风时间及提早关闭通风口，不要长时间通风，以免秧苗受冷害，发生生理障碍。此期若通风不够，温度高，湿度大，形成徒长苗，易得立枯病。

(4) 2 叶 1 心至移栽。2 叶 1 心期开始调整轮换上下秧盘位置，促均匀一致生长；进入 2 叶 1 心期后增加喷水次数和时间，结合喷水施用断奶肥。栽插前 7 天，开始全天候敞棚炼苗，插前 3 天断水控湿。

在温控上采用昼高夜低、前高后低、逐步趋向接近室外气温的调温方式。通风过程中温室门口和窗口附近空气流动快，蒸发量大，因此附近的秧盘要特别关注防止秧苗失水。

四、秧田期病虫害防控工作

1. 绵腐病、立枯病

秧田发生绵腐病、立枯病时，立即揭膜晾床，选用 25％咪鲜胺、30％噁霉灵、30％甲霜·噁霉灵等药剂喷雾，防止病害扩展。

2. 水稻恶苗病

苗床发现病株后应立即拔除，以免病菌传播危害。苗期恶苗病发生普遍时，要抢时重新补种其他抗病品种。

3. 苗稻瘟病

发病初期可用三环唑（可湿性粉剂应在 75％以上）、稻瘟灵（40％以上）、嘧菌酯（25％以上）或吡唑．醚菌酯（微囊悬浮剂），兑水 30kg 均匀喷雾。发病重的秧田，隔 7～10 天再补治一次。

4. 生理性病害

在低温或苗床土湿度过大时，及时揭膜晾床，提高地温、增强土壤通透性、防止出现白芽或造成生理性烂秧。在气温较高的情况下，要控制秧苗水分过快蒸腾，防止出现生理性失水、青枯死苗现象。

5. 打好“送嫁药”

水稻移栽前 2～3 天，施用秧苗“送嫁药”。预防稻瘟病选用 75％三环唑、25％吡唑醚菌酯等；防治二化螟可选用氯虫苯甲酰胺、甲氨基阿维菌素苯甲酸盐（2％以上）、阿维菌素（1.8％以上）、阿维·甲氧虫酰肼、乙多·甲氧虫等药剂；秧田除稗在秧苗 2.5～3 叶期亩用 2.5％五氟磺草胺 100 毫升。此外，可应用赤·吲乙·芸苔等植物生长调节剂或氨基寡糖素等植物诱抗剂，提高水稻抗逆性。

第五期　粮食生产“四高”试验示范区科学施肥技术要点

（2024 年 3 月 19 日）

根据 2022—2023 年长沙市粮食生产“四高”试验示范总结典型经验和双季稻丰产增效主推技术，结合《湖南省主要粮油作物大面积单产提升技术手册》《长沙市 2023—2025 年主要农作物科学施肥指导意见》和 2023 年大田土壤检测结果，现制定长沙市粮食生产“四高”试验示范区科学施肥技术要点。

一、肥料用量

根据目标产量、土壤肥力现状、水稻需肥规律等合理确定施肥量，推荐机械施肥、无人机追肥等技术。不同类型水稻推荐施肥量见下表：

不同类型水稻推荐施肥量（公斤/亩）

类型	基肥		分蘖肥	穗肥	
	有机肥	复混肥（18－10－12 或相近配方）	尿素	尿素	氯化钾
双季早稻	每亩施用商品有机肥 150 公斤或饼肥 100 公斤或粪肥 2000 公斤或绿肥还田	30～35	4～6	2～4	5～6
双季晚稻		40～45	4～6	3～5	5～7
中稻、一季晚稻		40～45	5～7	5～7	6～8

备注：1. 每亩施用 5%以上的商品有机肥 150 公斤或者菜饼肥 100 公斤或者沼液（粪肥）2000 公斤或者绿肥还田的田块，基肥化肥用量可减少 10%～15%。

2. 根据 2023 年大田土壤检测结果，建议宁乡市适量增加钾肥用量，望城区适量增加磷肥用量。

二、关键要点

1. 施肥要分段

全面推广改“一炮轰”施肥为分段变量科学施肥。水稻种植不能在施基肥时一次性将肥料施入农田，一定要将肥料分基肥、分蘖肥、穗肥，结合作物生长发育需要分段变量科学施用，提高肥料利用率，提高水稻产量，减少化肥用量，减少面源污染。

2. 增施有机肥

翻耕前每亩施用 5%以上的商品有机肥 150 公斤或者菜饼肥 100 公斤或者沼液（粪肥）2000 公斤。施用有机肥或种植绿肥还田的田块，基肥化肥用量可减少 10%～15%左右。

3. 基肥要施足

双季早稻每亩施用 40%的复混肥（18－10－12 或相近配方）30～35 公斤；双季晚稻和中稻、一季晚稻基肥每亩施用 40%的复混肥（18－10－12 或相近配方）40～45 公斤。缺锌土壤每亩施硫酸锌 1 公斤。全面推广增苗减氮技术，当移栽蔸数达到 2 万蔸以上时，可减少氮肥用量10%～20%，适量增加磷钾肥用量。

4. 分蘖肥要早

一般早稻在插后5天，中晚稻在插后3天，可追施分蘖肥。双季早稻和晚稻分蘖肥每亩施用尿素4～6公斤；中稻、一季稻分蘖肥每亩施用尿素5～7公斤。

5. 施穗肥要巧

在主穗幼穗分化3期前，结合苗情追施穗肥。核心要点是：①地力好、底肥足、分蘖多的田块，晒田后叶色浓绿、没有明显转淡的不施；②晒田后叶色明显转淡的要及时重施，转淡较轻的轻施；③阴雨天不施。早稻穗肥每亩施用尿素2～4公斤、氯化钾5～6公斤；双季晚稻穗肥每亩施用尿素3～5公斤、氯化钾5～7公斤；中稻、一季晚稻穗肥每亩施用尿素5～7公斤、氯化钾6～8公斤。

镉低积累水稻品种要特别注意结合田间叶色变化及时补足磷钾肥。建议进入幼穗分化期后结合病虫防治每次用药搭配磷酸二氢钾150克“一喷多施”。

6. 酌情施粒肥

若抽穗期叶片颜色淡绿，应看苗酌情补施粒肥防早衰，一般亩施尿素1～2公斤或每亩用磷酸二氢钾150克，兑水50公斤于傍晚喷施。

第六期　2024年粮食生产“四高”试验示范二化螟综合防控技术指导意见

（2024 年 3 月 20 日）

水稻二化螟是国家一类农作物病虫害，也是水稻生产上的第一大害虫。为突出抓好二化螟防控，实现“虫口夺粮”保丰收目标，现就粮食生产“四高”试验示范区二化螟综合防控提出如下技术指导意见。

一、农业防治

1. 统一种植模式

选择适宜的抗（耐）病虫优质品种集中连片种植，避免插花种植，减少二化螟桥梁田。

2. 统一播期

因地制宜适期播种，特别是中稻区要根据当地生产实际，适当推迟播种期，可选在 5 月中旬及以后播种，减少二化螟落卵量。

3. 统一栽培技术

要统一栽培管理，提倡集中育供秧，做好带药下田，减轻大田防治压力。提倡中晚稻低茬收割，收获时将稻桩留茬控制在 10cm 以下。有条件的地区可以组织开展秸秆粉碎，减少越冬虫量。

4. 统一深水灭蛹

要充分利用二化螟化蛹期抗逆性弱的特点，抢在越冬代二化螟化蛹盛期（一般 3 月底至 4 月上中旬，各地根据本地二化螟发育进度确定具体时期），及时将冬闲田、绿肥田等有效虫源田深耕耙平，灌 7～10 厘米深水（低茬收割或粉碎稻桩的稻田，也可直接灌深水，淹没稻桩），浸没稻桩 7 天以上，尽量压低二化螟虫源基数。

二、理化诱控

1. 昆虫性信息素诱控

大力推广应用二化螟性信息素诱控技术。越冬代二化螟始蛾期，集中连片放置性信息素，采用持效期 3 个月以上的挥散芯（诱芯）和干式飞蛾诱捕器，每亩放置 1 套，田间均匀放置。水稻分蘖期，诱芯高于地面高度 50 厘米；水稻穗期，诱芯位置宜高于稻株顶端 15～30 厘米。未翻耕的板田、栽培冬季作物的油菜与蔬菜田，是重要有效虫源田，也要同时应用性信息素诱控技术。

2. 灯光诱杀

利用二化螟的趋光性，安装太阳能杀虫灯诱杀二化螟成虫，减少田间落卵量，降低虫口基数。推荐选用扇吸式杀虫灯，尽可能保护天敌。稻田每台杀虫灯相距 150～200 米，灯高距地面约为1.5米，控制面积30～40亩棋盘式布局。天黑开灯，凌晨1点关灯，定时清扫虫灰。

三、生物防治

有条件的地区在二化螟、稻纵卷叶螟主害代蛾始盛期释放稻螟赤眼蜂，每代放蜂2～3次，间隔3～5天，每亩每次放蜂量8000～10000头，均匀放置5～8点。蜂卡放置高度以分蘖期高于植株顶端5～20厘米、穗期低于植株顶端5～10厘米为宜。可降解释放球直接抛入田中。高温季节宜在傍晚放蜂。

四、生态调控

田埂边保留功能植物，种植大豆、芝麻、波斯菊等显花作物，蓄养害虫天敌。

五、科学用药

一是抓住关键节点。双季稻以第一、三代为重点，兼顾迟熟早稻第二代和晚稻第四代；中稻和再生稻以第一、二代为重点，视情况防治第三代。

二是搞准防治适期。防治分蘖期二化螟，当枯鞘株率达3%或枯鞘丛率达5%时用药；晚稻第四代二化螟防治适期应根据灯诱、性诱监测情况结合三代二化螟的田间发育进度确定三代二化螟的羽化高峰，再推算四代卵孵盛期进行防治，主害代防治争取大面积一次用药过关。

三是选好防治药剂。田间虫口基数较低时，优先选用金龟子绿僵菌（80亿孢子/克以上）、甘蓝夜蛾核型多角体病毒、阿维菌素（5%以上）、乙基多杀菌素等获得登记的生物药剂防治，生物药剂使用要适当提前2～3天。化学农药要选用高效、低风险药剂，开展轮换用药与交替用药。可选用氯虫苯甲酰胺、甲氧虫酰肼、溴氰虫酰胺、甲氨基阿维菌素苯甲酸盐（2%以上）、阿维·甲氧虫酰肼、乙多·甲氧虫等。世代重叠严重时建议增加等杀卵性较强的药剂。提倡合理添加农药助剂，提高农药利用率。

注意事项：穗期防治药液量常规药械防治亩平不少于30公斤，植保无人机防治亩平不少于1.5公斤（高温季节要适当加大用水量），苗期可适当减少药液量。防治时田间要保留浅水层。施用阿维菌素、甲维盐、苏云金芽孢杆菌时，要避免在中午高温、强光照情况下用药。

第七期　早稻育秧期间恶苗病防治技术指导意见

（2024 年 4 月 3 日）

近日，柏连阳院士专家团队和市、县农业技术人员实地开展早稻育秧巡检，发现多地早稻秧苗发生恶苗病，尤其是中早系列较为多发。

恶苗病，又称徒长病，一般籼稻重于粳稻，晚稻发病重于早稻。秧田和大田均可发生，水稻播种后不久就可发病，病苗比健苗高 1/3 左右。带菌种子和带菌稻草是主要的侵染源，病菌发育最适温度在 25～30℃，土温 30～50℃时易发病，31℃最易引起稻株徒长。发病株一般不分蘖或分蘖少，严重时在抽穗前死亡。当前，由于早稻种子普遍带菌，加上育秧期间温湿度适宜，导致恶苗病发生较重。

现针对当前已发病的秧苗特提出如下技术指导意见：

1. 清除病残体

恶苗病具有传染性，不管是在秧田还是大田，发现病株应及时连根拔除，将病株销毁，防止侵染扩大。病稻草不能随便乱扔，也不能堆放在田边地头，可集中高温堆沤或做燃料。

大棚内恶苗病发病图

2. 及时防治防扩散

对已发病的秧苗，立即施药治疗，用50%氯溴异氰尿酸，30克兑水30kg，五天内喷两次。也可用恶霉灵、咪鲜胺、福美双、多菌灵等药剂进行治疗，药剂使用量按标签推荐的最大剂量使用，施药时加大用水量，每亩用水量30kg左右，为保证治疗效果，在第一次施药后3～4天再补喷一次，让秧苗全身和苗床都要喷到药。

3. 加强栽培管理

注意控制秧棚内温湿度，及时通风；移栽时注意适当加大亩用秧量，确保大田基本苗充足，拔秧时尽可能避免伤根。

第八期　2024 年粮食生产“四高”试验示范区化肥减量工作指导意见

（2024 年 4 月 15 日）

为深入贯彻落实好习近平生态文明思想，保障粮食安全、提升质量效益、促进绿色发展，切实推进化肥减量增效工作落实落地，特制定 2024 年粮食生产“四高”试验示范区化肥减量工作指导意见。

一、总体目标

2024 年，粮食生产“四高”试验示范区通过采取系列化肥减量技术措施，全年实现千亩核心示范片化肥减量 10％以上，万亩综合试验区化肥减量 8％以上，十万亩辐射带动区化肥减量 5％以上。

二、技术模式

千亩核心示范片：主要采取“配方肥＋有机肥＋侧深施肥＋基本苗增密＋秸秆还田＋种植绿肥”技术模式。

万亩综合试验区：主要采取“配方肥＋粪肥＋基本苗增密＋秸秆还田＋种植绿肥”技术模式。

十万亩辐射带动区：主要采取“配方肥＋粪肥＋基本苗增密＋秸秆还田”技术模式。

三、具体措施

1. 合理施用有机肥

农田翻耕前每亩施用 5％以上的商品有机肥 150 公斤或者菜饼肥 100 公斤或者沼液（粪肥）2000 公斤。施用有机肥或种植绿肥还田的田块，基肥化肥用量可减少 10％～15％左右。

2. 科学施用配方肥

双季早稻每亩基施 40％的复混肥（18－10－12 或相近配方）30～35 公斤；双季晚稻和中稻、一季晚稻基肥每亩基施 40％的复混肥（18－10－12 或相近配方）40～45 公斤，在分蘖期、孕穗期、抽穗期根据苗情适量施用氮、钾单质肥料和中微量元素肥料。

3. 侧深施肥

在插秧机插秧的同时将肥料定量、精准推送到秧苗侧深 5cm 左右，并由刮板覆盖于泥浆中。

4. 增密减氮

全面推广增苗减氮技术，当移栽蔸数达到 2 万蔸以上时，可减少氮肥用量 10～20％，适量增加磷钾肥用量。

5. 秸秆还田

每季水稻收割时，收割机加装秸秆粉碎装置，秸秆全量还田。

6. 种植绿肥

晚（中）稻收获后，每亩撒播 2 公斤紫云英种子，种植绿肥还田培肥地力。种植绿肥要开好沟，尽量选用湖南本地的绿肥种子。

第九期　2024年粮食生产“四高”试验示范区农药减量增效技术指导意见

（2024年4月19日）

我市气候条件适宜，病虫害整体多发、频发，为有效控制水稻主要病虫害，推广粮食生产“四高”试验示范“生防优先、梯级控害”关键技术，促进农药减量，实现绿色发展，确保粮食生产安全，特制定粮食生产“四高”试验示范区农药减量增效技术指导意见。

一、预防减施技术

1. 开展病虫精准测报

示范区配备灯诱、性诱等自动化、智能化病虫害监测物联网系统，实时监测病虫害发生动态，提升病虫害监测预警能力，并结合田间人工监测调查，准确预报发生趋势，科学指导病虫害防治。

2. 选用抗（耐）性品种

因地制宜选择生育期适当、病虫综合抗性好的良种，避免种植高（易）感病虫品种，从源头上控制病虫害特别是病害的发生概率。

3. 做好育秧全程消毒

做好种子、育秧盘、基质、育秧棚、苗床等育秧全程消毒。一是种子消毒。浸种前晒种1～2天，清水浮选去除烂种、死种、病种和空瘪种子。清水浸种10～12小时后，再用强氯精500倍液、25%咪鲜胺或25%氰烯菌酯2000～3000倍液等浸种10～12小时，漂洗干净后继续浸种催芽，有效预防苗期稻瘟病和恶苗病等病害。二是基质及育秧设施等消毒。选用30%噁霉灵、25%咪鲜胺或70%敌磺钠对苗床土、育秧盘、育秧棚、基质等进行严格消毒，预防烂秧病、立枯病等病害的发生，注意适当轮换使用消毒药剂。三是药剂拌种。种子催芽后选用60%吡虫啉或30%噻虫嗪等药剂拌种，预防白背飞虱、稻蓟马、稻秆潜蝇等害虫；选用精甲霜灵、精甲·咯·嘧菌或噻虫·咯·霜灵等药剂拌种，预防恶苗病、烂秧病、稻蓟马、立枯病等多种病虫害。注意选用持效期长的拌种药剂。

4. 打好“送嫁药”

在秧苗移栽前2～3天，用三环唑、氯虫苯甲酰胺、吡蚜酮等药剂喷雾，可有效预防大田前期螟虫、稻蓟马、稻飞虱、稻秆潜蝇等害虫。同时可施用碧护或赤·吲乙·芸苔等植物生长调节剂或氨基寡糖素等植物诱抗剂，提高水稻抗逆性，培育壮秧。

二、农业农艺措施

1. 翻耕灌深水灭虫灭蛹

一般3月底至4月上旬，大面积移栽前，及时将有效虫源田深耕晒垡，为防止未化蛹幼虫逃逸，旋耕时尽量将稻田犁碎整平，再灌 7～10 厘米深水，浸没稻桩 7 天以上，即可以压低二化螟虫源基数又可以沤制绿肥、抑制杂草萌发。

2. 生态调控

在田埂、路边沟边、机耕道旁种植大豆、波斯菊等显花植物，涵养和保护寄生蜂、蜘蛛等天敌，充分发挥田间捕食性天敌和寄生性天敌的控害作用。

3. 深浅交替淹灌防控稻飞虱爆发技术

移栽至分蘖盛期浅灌 3～4cm，待水层深度回落至 1cm 左右时复灌；分蘖末期晒田控蘖；孕穗至黄熟期若稻飞虱发生程度很轻（百丛数量低于 200 头），则可采用干湿交替灌溉，当百丛数量低于 200 头时，深灌 6～14cm，灌水深度伴随稻飞虱种群密度的增加而递增，当百丛数量超过 1000 头时，灌水深度应增加至 10cm 以上，待水层深度回落至 1cm 左右时复灌；成熟期断水收获。有条件的地方可做试验示范。

4. 低茬收割

秸秆粉碎后还田，留桩高度不超过 10cm，降低螟虫残虫量。

三、理化诱控技术

1. 昆虫信息素诱控

一是群集诱杀，在越冬代二化螟和主害代稻纵卷叶螟始蛾期，集中连片放置干式飞蛾诱捕器，采用持效期长的诱芯和食诱包，每亩放置 1 个，田间均匀放置。水稻分蘖期，诱捕器底端距地面 50 厘米左右为宜，水稻穗期，诱捕器底端高于叶面冠层 15～20 厘米左右为宜。二是迷向干扰，有条件的地方可采用高剂量性信息素智能喷施装置，每 3 亩设置 1 套，傍晚至日出每隔 10 分钟喷施 1 次，或采用迷向丝释放二化螟性信息素，干扰交配。

2. 灯光诱杀

利用害虫对光的趋性，在田间优先选用太阳能风吸式杀虫灯，用棋盘式布局，每 20～30 亩一盏，诱杀二化螟、稻螟蛉、稻纵卷叶螟、稻飞虱等趋光害虫。杀虫灯安装时底端离地高度 1.5 米，灯距 180 米左右，定期清扫虫袋。

四、生物防控技术

有条件的地方可选用以下新技术、新产品开展试验示范。

1. 生物有机肥控草技术

前期耕层深翻，稻田整平，施足基肥。水稻移栽后 2～4 天后施用黄腐酸或褐腐酸，25～30kg/亩均匀撒施，并保持水层 3～5cm（以不淹没心叶为准），只进不出，维持水层 15～20 天。

2. 赤眼蜂控害技术

释放方法：早稻每亩 1 万蜂左右，晚稻每亩 1.2～1.5 万峰，分 10 个点，每点约 1000 粒，将赤眼蜂卵卡装入专用可降解放蜂球内，均匀投入稻田，高温季节宜在傍晚放蜂。释放时期：在稻田二化螟、稻纵卷叶螟成虫始盛期释放稻螟赤眼蜂或螟黄赤眼蜂，每代视虫情释放 2 次，间隔 7～10 天。如二化螟、稻纵卷叶螟在齐穗后发蛾可不释放。

3. 生物农药技术

在病虫发生初期和轻发生时使用生物农药，早防早控、减轻后期压力。防治二化螟、稻纵卷叶螟选用金龟子绿僵菌、球孢白僵菌、短稳杆菌、甘蓝核型多角体病毒、病原线虫；防治稻飞虱选用金龟子绿僵菌、球孢白僵菌、病原线虫；防治稻瘟病选用枯草芽孢杆菌、多抗霉素、申嗪霉素、春雷霉素、沼泽红假单胞菌；防治纹枯病和稻曲病选用枯草芽孢杆菌、嗜硫小红卵菌、多抗霉素、井冈·蜡芽菌（12.5%以上）等。人工或机械喷雾时，每亩药剂兑水 30～45 升，均匀喷施。无人机喷雾时，每亩药剂兑水 1.2～1.5 升，均匀喷施。

五、药剂控害技术

1. 杂草防除技术

一是封闭除草。早稻可在插秧前 2～3 天或插秧后 5～7 天，中晚稻在插秧前 1～2 天或插秧后 3～5 天，秧苗返青后，选用丙草胺、苄·丙、五氟磺草胺、苯噻酰草胺等药剂及其复配制剂进行土壤封闭处理。注意淹水不超过水稻心叶，以免产生除草剂药害。二是茎叶补治。后期根据田间杂草发生情况进行茎叶喷雾处理。防治稗草、千金子等禾本科杂草选用敌稗、五氟磺草胺、氰氟草酯、噁唑酰草胺、三唑磺草酮等药剂及其复配制剂；防治鸭舌草、异型莎草等阔叶杂草选用吡嘧磺隆、2 甲 4 氯钠、氯氟吡啶酯、灭草松等药剂及其复配制剂。

2. 应急防控技术

重点抓好 1、3、4 代螟虫，2、4 代稻纵卷叶螟和 2、4、5 代稻飞虱的防治，中晚稻要做好秧田期和大田初期白背飞虱的防治，实现“治虱防矮”，同时要做好“压前控后”，降低 5 代“两迁害虫”基数，严防其在穗期暴发成灾。水稻分蘖期，重点预防纹枯病、稻瘟病等病害；破口期至齐穗期，重点预防穗颈瘟、稻曲病、纹枯病等。达到防治指标时，尽量根据当地病虫情报选用环境友好型农药对达标田块进行防治，注意科学轮换用药，延缓抗药性。

第十期　早稻生产抗涝减灾技术要点

（2024 年 4 月 25 日）

4 月中旬以来，长沙地区遭遇极端强降雨天气，部分区域较往年同期偏多 5～8 成，部分低洼稻田受灾被淹。鉴于强降雨仍在持续，为科学应对极端天气对早稻生产造成的不利影响，提出以下技术指导意见。

1. 浅水护苗，尽快抢排积水

做好早稻田的薄露灌溉、浅水护苗。若遇强降雨，应及时疏通排水渠道，确保排水畅通，同时注意清除漂浮和冲积砂石杂物，以减少稻苗压伤和苗叶腐烂。稻田积水排除后，田间水分仍处于饱和状态，应开沟排水，尽快降低田间含水量。

2. 及时补苗或改种

天气转晴后，及时对受淹田块进行全面查苗补苗，保持合理的基本苗数和整齐度。严重受淹 3 天以上的稻田或浮苗、缺蔸、死苗等缺苗较多田块，要及早改种直播早稻或中稻。

3. 科学追肥促进生长

退水后 3～5 天及时追肥，生长势偏弱的稻田，适量追施速效氮肥，同时采用碧护或芸苔素内酯加磷酸二氢钾或微量元素肥均匀喷施，提高植株抗病、抗逆能力，加快植株恢复生长。

4. 加强病虫害防治

灾后田间湿度大，植株抗性下降，病菌极易侵入，尤其是淹水时间过长的田块，水稻细菌性基腐病、白叶枯病、细菌性条斑病等非常发细菌性病害有可能暴发，天气转晴后尽早用药进行防治。

第十一期　2024年粮食生产“四高”试验示范区福寿螺综合防控技术指导意见

（2024年4月28日）

当前为早稻返青至分蘖期，也是福寿螺取食危害秧苗的关键时期。水稻分蘖前，福寿螺会大量啃食水稻的嫩叶、嫩茎，导致稻株有效分蘖减少，甚至出现成片成片的缺苗情况。灭螺保苗要坚持“控防并重”的原则，现就福寿螺综合防控提出如下技术指导意见。

一、农业防治

一是清淤清草。冬季整修沟渠，清理淤泥和铲除杂草，破坏福寿螺的越冬场所，减少冬后福寿螺基数。二是旋耕施肥。利用耙刀旋转打击螺体；施用碳酸氢铵、生石灰等，减少田间福寿螺数量。三是控灌晒田。采取浅水勤灌，创造不利于福寿螺生长的环境，防止大水灌溉造成福寿螺随水流传播。适时排水晒田，降低幼螺存活率。

二、物理防治

一是拦网拦截。在农田进水口和出水口安装金属拦网，防止福寿螺随灌溉水进入或流出农田。二是诱集产卵。田间插30～100厘米高木条或竹片引诱福寿螺产卵，以每亩30～80根为宜，靠近田边适当多插，以方便卵块摘除，定期摘除卵块进行销毁。三是人工捡拾。组织人员定期捡拾成螺和卵块，集中处理。

三、生物防治

一是放养天敌。最常用的是稻田养鸭控螺，水稻移栽后7～10天至孕穗末期每亩投放15～30只鸭子捕食福寿螺；水稻收割后可反复多次放养鸭群捕食。还可稻田养鳖、养鱼、养蟹，中华鳖对福寿螺的控害比达到1∶20，是目前防治福寿螺最好的技术措施之一。二是茶枯杀螺。茶籽饼中含具有溶血作用的茶皂素，对水生生物有较强的杀伤力，对稻田福寿螺具有显著的防控效果。三是烟秆还田。烟草种植区可利用烟草底叶和烟草收获后的茎秆粉碎还田，对福寿螺也具有一定的杀灭作用。

四、化学防治

当水稻秧田期螺密度达到每平方米1～2头，分蘖期达到3～4头防治指标时，使用四聚乙醛、杀螺胺、杀螺胺乙醇胺盐、烟酰苯胺硫酸盐等药剂进行喷雾防治或拌肥撒施。也可在物理拦截网网口处吊挂装有灭螺剂的布袋，定期清理福寿螺。

五、注意事项

1. 注意保持田间水层

采用杀螺胺药剂撒施时，施药后田中应保持3～4厘米水层7天左右。

2. 注意施药人员安全

杀螺药剂对皮肤有强烈刺激作用，用药时应做好安全防护措施。

3. 注意保护水生动物

不宜在鱼、虾套养的田块中使用化学药剂或茶粕防治，水田施药 7 天内不可将田水排入河流、鱼塘，防止对水生动物造成药害。

第十二期　关于当前早稻田间管理的技术指导意见

（2024 年 5 月 6 日）

今年 4 月底 5 月初，长沙日最高气温持续低于 20℃，春末夏初的持续低温影响早稻生长。天气转晴后，气温迅速回升，加强田间管理非常重要，直接影响早稻分蘖、后期总穗数和产量高低。针对因连续低温阴雨天气影响造成的早稻移栽偏迟、秧苗超龄、田块不平、除草不尽、苗情偏差、分蘖迟缓等问题，特提出如下技术指导意见。

一是补苗全苗，搭建丰产架构。持续低温后，应及时检查秧苗的生长情况。因移栽偏迟，大田有效分蘖时间不足，应抓紧时间尽量本田移密补稀、匀苗补苗，保证苗足苗匀，搭建丰产架构，打好高产基础。

二是补肥提苗，主攻前期群体。气温回升后，对于长势较弱的秧苗，可以通过叶面喷施碧护或芸苔素内酯加磷酸二氢钾，提高秧苗素质。对前期地力较薄、施肥不足和因大雨跑肥田要抓紧补肥，促苗分蘖攻前期群体，以每亩施用尿素 5～7kg、钾肥 5kg 为基准，根据地力和苗情适当调整。

三是科学管水，促进返青分蘖。移栽后刚返青或者尚未完全返青的稻田，应保持田间薄水层促进秧苗扎根和生长；对处于分蘖期的稻田应保持浅水层，促继续分蘖；对于接近足苗（约 80%）和已足苗的田块要及时排水晒田。

四是梯级控害，防控病虫草为害。目前早稻品种，特别是常规稻品种，大多数高感稻瘟病，尤其是对于易感稻瘟病的常规稻品种，特别是丘陵山区要引起足够重视，一旦发现叶瘟，要及时喷施三环唑＋稻瘟灵等进行防治；加强二化螟发生情况监测，掌握好卵孵盛期防治适期，精准防控，切实压低一代二化螟基数；对杂草防控不到位的局部区域，选用对水稻危害小的茎叶类型除草剂，采用人工喷雾方式，定点补杀稗草等。

第十三期　关于施好早稻穗肥提升单产的技术指导意见

（2024 年 5 月 17 日）

根据近期全市早稻田间巡查情况，大部分已进入分蘖盛期至幼穗分化初期，需要及时开沟排水，晒田控制无效分蘖。播种和移栽较早田块，已陆续进入幼穗分化 3～4 期；大部分田块陆续进入幼穗分化 2～3 期。

为积极配合水稻提升单产行动，请根据田间苗情建议酌施穗肥：对叶色浓绿长势较好的田块无需补肥，应继续晒田至转色；对叶色已转淡略偏黄田块结合复水施用复合肥（15－15－15）10 公斤、钾肥 7 公斤、尿素 3 公斤；对叶色明显转黄田块结合复水施用复合肥（15－15－15）12 公斤、钾肥 8 公斤、尿素 5 公斤。5 月 23 日前按上述办法施用穗肥，25 日后每推迟 1 天，施肥量应减少 8～10％。5 月中下旬尽早安放稻纵卷叶螟食诱剂，进入幼穗分化期后禁止使用除草类药剂。到破口期，及时打好破口药防治病虫，结合施用碧护增强抗逆能力和降低稻米镉积累风险。

第十四期　早稻中后期田间管理意见

（2024 年 5 月 31 日）

当前，我市早稻大部分已进入幼穗分化末期，即将进入破口抽穗期，是产量形成及病虫害防治的关键时期。据市气象台预报，未来两周我市梅雨盛行，高温高湿天易导致病虫害加重发生，为切实加强早稻中后期田间管理，特提出如下技术指导意见：

一、科学管水，湿润灌溉

水稻抽穗扬花期光合作用强，新陈代谢旺盛，是水稻一生中需水量较多的时期，应特别注重水分管理。抽穗初期保持田间浅水层 3～5 厘米，以保花增粒；齐穗后由浅水层转入间歇灌溉阶段，即采用干干湿湿，以湿为主的灌溉方法，尽量保护根系，延长根系生命，以达到田间水气协调，保持根、叶的活力，提高结实率，增加粒重。镉污染中低风险利用区未采用镉低累积水稻品种的，要保持田间浅水层直至收割前一周断水，降低镉累积风险。

二、看苗补肥，一喷多促

根据田间禾苗生长情况，及时补施粒肥，并结合破口抽穗关键期做好“一喷多促”（喷施杀虫剂、杀菌剂、叶面肥、植物生长调节剂混合药剂）。对后期群体适中、叶色偏淡的稻田，可结合病虫防控用药再加上磷酸二氢钾、碧护选晴天下午喷施，磷酸二氢钾、碧护可连喷 2 次，一般在破口前 5～7 天施用一次，齐穗后再施一次，以增强水稻抗逆能力，延长叶片功能期，防止早衰。

三、生防优先，防控病虫

高温高湿天气对水稻主要病虫害发生有利，应优先采用生态防控措施，坚持“综合防治，预防为主”的植保方针，抢晴喷施“破口药”，预防稻瘟病和纹枯病，加强田间监测并结合植保部门病虫情报，做好水稻“两迁”害虫（稻飞虱、稻纵卷叶螟）和二化螟等虫害防控。丘陵山区、高感稻瘟病品种要特别注意穗颈瘟防控。

四、统筹“双抢”，适时收割

要结合实际及早统筹做好早稻抢收、晚稻抢插“双抢”工作。早稻收割期间往往伴随着持续高温、暴雨等恶劣天气，容易出现稻穗发芽而造成减产和品质下降。因此，当 90％左右谷粒黄熟时，及时抢晴机收，确保早稻颗粒归仓，同时为晚稻生产预留更大空间。

第十五期　晚稻育秧技术指导意见

（2024 年 6 月 18 日）

当前正值晚稻育秧关键时期，各种植户应高度重视，因地制宜选用良种，培育适龄宜机壮秧，抓好关键措施落实，是晚稻适应机械化生产获得高产稳产的基础。

一、品种选择

根据早稻品种成熟期和晚稻安全齐穗期（一般应保证 9 月 15 日前后寒露风来临前齐穗）合理搭配、科学选用晚稻品种。在稻瘟病区宜选择高抗稻瘟病品种；在易受大风强风影响区域应选择高抗倒伏品种；在缺水田块宜选择抗旱能力强的品种。

二、种子处理

1. 浸种消毒

采用"三起三落"的浸种方法，先用清水浸 10～12 小时，捞起保湿露 3～4 小时，淘洗后用 25％咪鲜胺乳油 2000～3000 倍液（即用 2ml 兑水 5 公斤，浸 4～5 公斤稻种）浸种 6～8 小时，捞起保湿露 3～4 小时，再浸种 6～8 小时，捞起保湿至出芽 80％以上。

2. 药剂拌种

预防稻瘟病、恶苗病、立枯病、飞虱等病虫害，按每公斤干稻种选用 24.1％肟菌・异噻胺种子处理悬浮剂（持效期约 70 天）15～20 毫升或 25％噻・咯・霜灵悬浮种衣剂 4～6 毫升（兼治蓟马），600 克/升吡虫啉悬浮种衣剂 4 毫升或 18％噻虫胺种子处理悬浮剂 5～9 毫升，加上碧护或 0.136％赤・吲乙・芸苔可湿性粉剂 1 克，兑水 5 毫升，混合均匀，配制成浆状药液。可采用干种子拌种或催芽露白种子拌种，干种子拌种在水稻浸种前 2 天进行，催芽露白种子拌种在水稻种子催芽露白后进行，将配制好的浆状药液与种子充分搅拌混合，使药液均匀分布在种子上，彻底阴干后，按常规方法进行浸种、催芽或播种。

三、播种阶段

1. 适期播种

双季晚稻迟熟品种一般于 6 月 12 日前播种，中熟品种于 6 月 20 日左右播种，早熟品种于 6 月 25 日前播种。原则上机插秧和抛栽秧控制在 20 天以内，水育移栽秧控制在 30 天以内，避免大苗移栽。

2. 足量播种

为保证基本苗足，要适当加大播种量。一般按照晚稻常规稻 3.5～4.5 公斤/亩、杂交稻 1.75～2.5 公斤/亩左右确定总播种量，机插秧增加 20％左右的用种量。抛栽或机插秧床与大田的面积比例是 1∶60 左右。

四、秧田管理

1. 科学管水

摆盘后秧田灌跑马水湿润床土，水不上厢面；出苗至第一叶展开保持厢沟有水；以后以旱管为主，控制秧苗不卷叶，缺水补水。

2. 合理施肥

秧田在施足基肥的前提下，应根据秧苗长势，二叶一心至三叶一心期亩施尿素 2.5～3 公斤作断奶肥，移栽前 4～5 天亩施尿素 3～4 公斤作送嫁肥。

3. 适时控旺

晚稻苗期高温高湿秧苗易旺长，为了控制苗高旺长，在一叶一心至两叶一心期适时选用 15%多效唑可湿性粉剂 50g/667m^{2}兑水喷施（喷前排干水，24 小时后再浅水上畦）。

五、秧田期病虫害防控工作

晚稻秧田是多种病虫的桥梁田，应高度重视秧田期病虫害防控。秧田期是“治虱防矮”关键时期，在移栽前 2～3 天施好“送嫁药”是控制秧田病虫害和大田初期病虫害的重要措施。选用三氟苯嘧啶、吡蚜酮防治稻飞虱；选用三环唑、春雷霉素、吡唑・醚菌酯、苯甲・丙环唑预防稻瘟病和纹枯病；选用氯虫苯甲酰胺、四唑虫酰胺、阿维菌素（1.8%以上）、甲氧虫酰肼等药剂防治二化螟和稻纵卷叶螟。秧田除稗在秧苗 2.5～3 叶期选用 2.5%五氟磺草胺。此外，可应用赤・吲乙・芸苔等植物生长调节剂或氨基寡糖素等植物诱抗剂，提高水稻抗逆性。

第十六期　水稻洪涝防灾减灾技术指导意见

（2024 年 6 月 18 日）

当前，我市进入梅雨季节，据市气象局预报，未来将有持续性强降雨，并伴有雷暴大风。需防范局地强降雨和持续降雨对农业的不利影响，加强田间管理，关注早稻产量形成关键期“雨洗禾花”、淹涝灾害等影响。为及时做好水稻洪涝防灾减灾工作，特提出如下技术指导意见：

一、及时排水补肥

受淹稻田要尽快排水，争取让水稻叶尖及早露出水面。在雨后高温烈日下，不能一次性将田水排干，必须保留适当水层；在阴雨天，可以将田水一次性排干，有利于水稻恢复生长。退水后，要及时在田间四周开好排水沟，特别是低洼田一定要开沟排水，促进根系恢复生长。当前，早稻处于灌浆期，正是产量形成的关键时刻，如遇强风暴雨导致倒伏，要及时扶理植株，排水露田以便促进根系活力和延长叶片功能期，喷施碧护＋磷酸二氢钾等叶面肥；中稻大部分正处于分蘖盛期，要根据天气及早排水，退水时捞去漂浮物，同时在退水刚露出叶尖时，可以根据退水方向泼水洗苗扶正，恢复叶片功能，提高抗逆能力，可酌情追施尿素、钾肥和碧护、磷酸二氢钾等叶面肥、生长调节剂；晚稻秧田在抢排积水时要适当保持浅水层，防止雨后升温过快造成青枯死苗。为避免因早稻受淹收获腾茬推迟，晚稻秧龄过长、叶片徒长，在一叶一心期可适时喷施多效唑控苗促壮。

二、综合防控病虫害

要密切关注随气流迁入的“两迁”害虫的情况，同时受淹受涝水稻，植株素质下降，抗病能力减弱，加上高温高湿，易感稻瘟病、纹枯病，根据田间实际情况及时预防，结合病虫防治添加碧护、磷酸二氢钾等生长调节剂、叶面肥，以提高水稻抗逆能力。水淹田除以上病虫的防治外还要特别注意水稻细菌性病害的防治：对受淹过的秧田或稻田，在大雨过后，应立即选用噻森酮或叶枯唑等药剂进行预防；对已发病田块，在第一次用药后隔 5～7 天再防治一次。

三、及时补种改种

对强降雨造成晚稻秧苗受损的田块，要抢时间补种早中熟晚稻品种。对受灾严重的中稻田，若植株叶片确已失去功能，如受灾时间较早，可从其他地方调剂秧苗继续插中稻；如退水时间较迟，又无备用秧的，改种晚稻或用上年早稻品种进行翻秋或改种生育期短的甜糯玉米、蔬菜等其他作物。

第十七期　洪涝灾害稻田补种改种技术指导意见

（2024 年 6 月 27 日）

近期，长沙遭遇了一轮持续性强降雨，累计降水量大，洪涝灾害风险高。据最新气象信息，我市已于 6 月 24 日启动了Ⅲ级气象灾害（暴雨）应急响应和三级防汛应急响应。预计 26～28 日期间，湘中、湘北地区将继续面临强降雨，部分地区可能出现暴雨或大暴雨，并伴有雷暴大风等强对流天气，淹涝渍害风险极高，需加强防范措施。

前期暴雨引发洪涝灾害，部分农田被淹，生产设施设备也遭受不同程度损害。洪灾过后，部分植株倒伏严重，叶片枯黄，导致严重减产甚至绝收。结合近日田间调查，市农业技术推广中心特提出洪涝灾害稻田补种改种技术指导意见如下：

当前正值早稻灌浆乳熟期、中稻分蘖拔节期、再生稻头季孕穗破口期，持续降雨叠加寡照不利于水稻授粉结实和籽粒灌浆，对产量形成不利影响。对于受淹田块要及时排水排渍，缩短淹水时间，保持根系活力，减轻渍涝影响。排水时根据天气情况调整排水策略，在雨后高温烈日下，不能一次性将田水排干，必须保留适当水层；在阴雨天，可以将田水一次性排干，有利于水稻恢复生长。同时，清除杂物石砾，冲洗淤泥；对受灾较轻的，在洪涝灾害后把握好天气变化，在放晴或停雨间隙紧急施药以预防病虫害，适时喷施碧护、0.2％磷酸二氢钾、芸苔素内酯等叶面肥和生长调节剂，增强植株抗逆性，要重点关注纹枯病和稻飞虱。对具有稻瘟病和纹枯病病史区域，或者已经出现叶瘟急性病斑或纹枯病病株稻田，应及时防治。用三环唑、吡唑醚菌酯、春雷霉素、稻瘟灵等防治叶瘟，用爱苗、拿敌稳、戊唑醇、井冈·蜡芽菌等防治纹枯病，对茎叶进行 1～2 次喷雾处理。对稻穗泡水的田块，要尽量减少受淹时间，改善田间通风条件，减轻“穗上芽”损失，田间成熟度达八成以上的要及时收割、烘干。

对已倒伏或者严重受损的区域，要及时补种改种。对因水淹后绝收的稻田，根据天气情况，抓紧整田、抢插晚稻。7 月 5 日前可翻耕的绝收稻田，可在秧苗充足的情况下及时进行移栽，还可选用晚稻中熟品种进行直播（只可直播）；没有备足晚稻秧苗的，要及时补种倒种春或直播晚稻早熟品种。推荐选择生育期 110 天左右的早稻品种作倒种春，要在 7 月 20 日前直播，播种量杂交稻 3.5～4 公斤/亩、常规稻 6～7 公斤/亩，破胸露白即可下泥；7 月 5～15 日可翻耕的绝收稻田，可选用早稻晚熟品种进行移栽。应选择符合种子质量标准的种子，尽量避免用刚刚收获的早稻种子作倒种春，如必须选用，则应选用早熟品种，必须晒种 1～2 天，用强氯精浸种（每斤种子用强氯精 2～3 克）以打破休眠，提高发芽率。救灾补损改种倒种春推荐选用早稻品种陵两优 268、陵两优 1785、欣荣优 123、中早 39、中安 2 号、中安 7 号等中迟熟早稻品种应在 7 月 15 日前直播；湘早籼 32 号、湘早籼 45 号、中嘉早 17、松雅早 1 号、潭两优 83 等早稻中熟品种 7 月 20 日前直播。由于倒种春生育期短，一般应采用“一炮轰”施肥方式。改种秋玉米的推荐选用 90 天左右生育期的品种在 8 月 10 日前播种。水冲沙压暂时不能修复的稻田，要迅速清理田间、翻耕开沟，沥水散湿，改种秋玉米、秋大豆、秋红薯、秋马铃薯等旱粮作物和速生蔬菜。改种前对残茬和杂草多的田块应排干田水，选用触杀型灭生性除草剂进行除草，间隔 2～3 天播种。

第十八期　水稻洪涝灾后恢复技术指导意见

（2024年7月3日）

6月份我市遭遇持续性阴雨、暴雨天气，近日“出梅”（梅雨结束）后我市又将进入晴热高温少雨时段，极易形成由渍涝急转持续高温热害及干旱气象，对水稻生产极为不利，为积极应对灾害性天气影响，市农业技术推广中心特提出分类技术指导意见。

一、水稻短期水淹生产恢复技术措施

强降雨造成农田积水，但涝渍时间较短，早稻恢复生长的可能性较大。这类地区应采取积极措施，排涝降渍，加强田管，促进作物恢复生长。

（一）早稻（灌浆中期－乳熟期）田间管理

1. 及时排水

根据天气情况调整排水策略，如果是阴天，可一次性排干渍水；如果雨后迅速放晴高温，则田间仍要保留浅水层（3～5厘米），1～2天后再排干，不可一次排干，以防止生理性失水。

2. 清水洗苗

在洪水逐渐消退时，捞去漂浮物，并抓紧时间清洗叶片，最好使用无人机喷施清水，清洗植株顶部，即穗与顶上3片叶（功能叶）。

3. 扎把扶正

经洪水冲刷引起小幅倾倒的不要进行人工扶苗，让其自动调节。针对倒伏严重且处于灌浆中期（7月中旬收获）的早稻，有条件的可及时扎把扶正，改善田间通风条件，减少损失。

4. 补肥防病

在放晴或停雨间隙紧急施药预防病虫害，适时喷施碧护、0.2%磷酸二氢钾、芸苔素内酯等叶面肥和生长调节剂，增强植株抗逆性防早衰。对迟熟早稻已经出现叶瘟急性病斑或纹枯病病株稻田，应及时用三环唑、吡唑醚菌酯、春雷霉素、稻瘟灵等防治叶瘟，用爱苗、拿敌稳、戊唑醇、井冈·蜡芽菌等防治纹枯病。对暴雨淹过的稻田，选用中生菌素、噻森铜、氯溴异氰尿酸等药剂预防细菌性病害。

5. 适时收割

适时抢晴收获，一般在齐穗后25天左右，颖壳90%变黄时收获，避免割青现象。同时优化收获方案，注意收获方式，机具、路径、作业速度与田间实际情况匹配，减少机收损失。对穗发芽早稻，要分类抢收、分类存储和销售。

（二）中稻（分蘖期－孕穗期）田间管理

1. 清水洗苗

捞去漂浮物，并抓紧时间用无人机喷施清水洗净稻叶，以恢复稻叶光合功能。

2. 查苗补缺

对处于分蘖期的田块，涝后逐田检查，若严重缺苗田可移苗补田，即将几块田里的稻苗移到一块田里，空出的田块改种晚稻或其他作物。

3. 追肥促苗

要根据灾情、苗情，及时追施速效肥料或全营养型高效叶面肥（磷酸二氢钾）。一般在排水轻露田 2～3 天后，每亩补施尿素和钾肥各 4～5 公斤，选择阴天或晴天下午 4 点以后撒施，促进禾苗恢复。

4. 防病控虫

要尽量改善田间通风条件，减少病虫发生。重点监控稻纵卷叶螟、稻飞虱及稻瘟病、纹枯病等病害，根据田间实际情况及时预防，结合病虫防治添加碧护、磷酸二氢钾等叶面肥、生长调节剂，以提高水稻抗逆能力。对迟熟早稻已经出现叶瘟急性病斑或纹枯病病株稻田，应及时用三环唑、吡唑醚菌酯、春雷霉素、稻瘟灵等防治叶瘟，用爱苗、拿敌稳、戊唑醇、井冈・蜡芽菌等防治纹枯病。对受淹过的稻田，在大雨过后，应立即选用噻森酮或氯溴异氰尿酸等药剂进行预防；对已发病田块，在第一次用药后隔 5～7 天再防治一次。

（三）晚稻（秧苗期）田间管理

1. 清水洗苗

采取边退水边清洗的方式，清水喷雾洗净叶片。

2. 遮阴防晒

受淹后的秧苗根系活力差，如发现有叶片卷筒现象，应及时架设遮阳网遮阴防曝晒，防止青枯死苗。

3. 控旺壮秧

一叶一心到二叶一心适时施用多效唑或烯效唑控旺；适时施用碧护、芸苔素内酯类、三环唑、戊唑醇等，提高秧苗抗逆性，促进秧苗健壮。

二、水毁绝收补改种技术措施

1. 适时移栽晚稻

7 月 5 日前可翻耕的绝收稻田，可在秧苗充足的情况下适时移栽，还可选用晚稻中熟品种进行直播，注意只能直播。

2. 及时分类补种

没有备足晚稻秧苗或秧苗被毁的，要及时补种倒种春或直播晚稻早熟品种。7 月 10 日前，可选用早稻晚熟品种及时补种育秧（可机插机抛）。7 月 10 日后 20 日前，推荐选择生育期 110 天左右的早稻品种作倒种春直播，播种量杂交稻 3.5～4 公斤/亩、常规稻 6～7 公斤/亩，破胸露白即可下泥。由于倒种春生育期短，一般应采用“一炮轰”施肥方式。

3. 补种推荐品种

倒种春如选用早稻品种陵两优 268、陵两优 1785、欣荣优 123、中早 39、中安 2 号、中安 7 号等中迟熟早稻品种应在 7 月 15 日前直播；选用湘早籼 32 号、湘早籼 45 号、中嘉早 17、松雅早 1 号、潭两优 83 等早稻中熟品种应在 7 月 20 日前直播；补种晚稻品种应选用恒丰优金丝苗、泰优 398 等生育期 110 天以内的晚稻早熟品种，可在 7 月 5 日前育秧移栽或 7 月 10 日前直播。

4. 因地制宜改种

改种秋玉米的推荐选用 90 天左右生育期的品种，在 8 月 10 日前播种。改种前对残茬和杂草多的田块应排干田水，选用触杀型灭生性除草剂进行除草，间隔 2～3 天播种。

第十九期　夏季农机设备使用安全指导

（2024 年 7 月 5 日）

“三夏”农忙时节将至，拖拉机、联合收割机等农业机械大量投入，机收机耕任务重、作业时间长，处于农机事故易发期、多发期。为了安全、高效、顺利地开展夏收夏种，保障农机作业安全，特提出如下技术指导意见：

1. 保持冷却系统清洁

在作业前要对发动机冷却系统进行彻底除垢清洁，将水箱、水道、散热器内水垢和杂质清除，使水泵和散热器水管畅通，保证冷却水的循环畅通，散热器外部也需保持清洁，发现灰尘堆积影响散热效果时，应用高压气体清除。

2. 谨慎处理“开锅”

夏季作业时冷水挥发快，当冷却水“开锅”时，不可立即加入冷水，以免造成机体炸裂和蒸汽烫伤；应切断动力输出，发动机保持低速运转，待水温降到 70℃左右，缓慢打开散热器盖，再缓慢加入清洁的冷却水。

3. 调整风扇皮带的松紧度

高温下作业，风扇皮带过松易打滑，传动损失大，使风扇和水泵的转速下降，导致风力不足。风扇皮带过紧，则轴承负荷过大，使磨损加剧，增加功率消耗。一般要求用拇指在皮带中部按压时，下垂量为 10～15mm 为宜，过松或过紧都应及时调整。

4. 正确选用油料

夏季气温高，可用凝点较高的柴油。此外，还应特别注意防止供油系统漏油，因为漏油不仅造成油料浪费，而且还可能引起火灾。除柴油外，润滑油和润滑脂也应按规定选用夏季用型号。有的拖拉机上有油温换向阀，换季保养时应将其换向阀转到使机油通往机油散热器的位置。

5. 注意蓄电池的保养

夏季蓄电池电解液中的水分易蒸发，应 5～10 天检查一次，正常液面应高出极板 10～15mm，蓄电池的电解液密度应按规定调小，蓄电池盖上的通气孔避免堵塞，以免电池炸裂。另外，暂时不用的蓄电池要存放在阴凉通风的地方，并定时充电。高温易使电瓶极桩氧化，造成启动困难，电器系统失灵，需在极桩上涂抹黄油防止极桩氧化。

6. 防止发动机爆燃

发动机因过热产生爆燃，会使气缸上部的磨损增加 3～5 倍。因此，要彻底清除燃烧室、气门头等处的积碳，检查并调整供油量及供油时间，以防爆燃。高温季节雨水多，需及时把空气滤清油盆内的积水清理，以防油位过高而引起“飞车”。

7. 防燃油系统气阻

温度越高燃油蒸发越快，越容易在油路中形成气阻。因此，夏季应及时清洗燃油滤清器，保持油路畅通。行车中可将一块湿布盖在燃油泵上，并定时淋水保持其湿润，以减少气阻的产生。一旦产生气阻时，应立即停车降温，并扳动手油泵排出空气，以使油路中充满燃油。

8. 防止油刹管路发生气阻

一些农用机械采用液压制动。油刹制动管路在夏季高温容易发生气阻，严重影响制动效果；因此在使用中要注意保证刹车油足额，防止管路渗漏，在出现气阻时及时把气排尽。

9. 严防机具起火

随车灭火器要有效，并放在易于取放的位置。长时间作业要经常检查紧固各电线和燃油管接头，预防因接触不良产生火花或燃油管渗漏引发火灾。不要用塑料桶盛装油料，以防静电起火。雷电情况下，油箱内燃油不得过满，以防外溢起火。

10. 人员作业安全

加强农机作业安全生产警示教育，遵守农机设备操作规程，做好安全措施，避免事故发生。夏季高温酷暑，机手应合理安排作业时间，尽量避开高温时段作业。备齐防暑用品，注意降温防暑，避免疲劳作业。一旦出现中暑现象，应立即停止工作，情况严重的需及时就医。

第二十期　当前中稻、再生稻田间管理技术指导意见

（2024 年 7 月 23 日）

自 7 月 6 日出梅以来，我市出现连续 35℃以上的高温天气，部分地区最高气温可能达到 39℃以上，极有可能对水稻的生长造成影响，需加强防范措施。目前，我市中稻正处于拔节孕穗期、再生稻正处于灌浆期，是产量形成的关键时期，为有效应对高温对水稻生长的不利影响，减轻损失，保障水稻产量和品质，市农业技术推广中心特提出如下技术指导意见：

1. 以水调温防热害，积极防灾减灾

中稻晒田后要及时复水，保持 7～10cm 的水层，促进颖花分化，提高结实率，减少因高温造成的不利影响，水源条件好的地方可采取日灌夜排的方式管水，积极防灾减灾，最大程度减少高温热害。再生稻头季灌浆期应采取“干湿交替”的间歇式灌溉方式，保持土壤湿润，促籽粒灌浆提早成熟。头季稻切忌脱水过早，以免影响头季稻根系和腋芽的活性，一般在收割前 7 天左右断水干田，以提高稻田土壤硬实度，减少机械收割时碾压毁蔸。

对再生稻的头季或处于拔节至孕穗期的中稻，可结合防治病虫害，进行根外施肥和喷施生长剂调节，如喷施磷酸二氢钾、碧护等，增强植株抗逆能力和促进籽粒灌浆成熟，增加粒重，减少损失。

2. 科学适量施好肥，增强植株抗性

中稻施好穗肥：晒田后结合复水及时追施穗肥，以保证水稻后期不早衰，提高水稻的抗逆性，延长叶片功能期。幼穗分化 2～4 期为最佳穗肥施用时期。对于褪淡转色较好的每亩追施 4～5 公斤尿素加 5～6 公斤钾肥作为穗肥；对于生长较弱、叶色较深的二三类禾苗，每亩追施 3～4 公斤尿素加 4～6 公斤钾肥作为穗肥，促进幼穗分化，防止早衰。

再生稻施好促芽肥：为促进再生芽萌发和出苗快，一般在头季稻收割前 7～10 天（齐穗后 15～20 天），亩施尿素 10 公斤左右作促芽肥。若植株秆青叶绿或长势较旺盛可以不施，叶色偏黄的田块可酌量增施。

3. 关口前移防病虫，统防统治控害

落实“预防为主、综合防治”的方针，加强监测预警，准确掌握病虫发生动态，强化综合防治。重点做好稻飞虱、螟虫、稻纵卷叶螟、稻曲病、稻瘟病及纹枯病防控。稻飞虱防控要突出“压前控后”，防止穗期暴发成灾；稻纵卷叶螟防控要以保护功能叶片为重点，根据“前松后紧、达标用药”的原则，在水稻中后期防治主害代；根据区县发布的《病虫情报》，选择高效低毒药剂及时开展统防统治，并注意轮换用药。同时，可适当加大药液用量，多兑水喷施，无人机施药要确保药液量 3L 以上，做到既防治病虫，又增湿降温。防治时要避开高温时间段，选择早上 9 点之前或者下午 5 点以后用药，避免产生高温药害。

第二十一期　台风暴雨后水稻恢复生产技术指导意见

（2024 年 7 月 29 日）

受“格美”台风影响，从 7 月 27 日开始，我市出现较大范围的暴雨，局地大暴雨天气，水稻出现淹涝灾害。为最大限度减轻灾害损失，现提出如下技术指导意见。

一是抓紧排渍清污。抓紧疏通灌排渠系，对于受淹稻田，尽快排除田间积水，减轻渍涝危害。水田排涝时，采取依次排水，先使植株上部露出水面，田间保持浅水层，防止雨后高温高强度的叶面蒸发导致植株生理失水而青枯死苗。退水后采用植保机械粗雾喷清水清洗叶片污渍。

二是看苗补肥提苗。当前我市大部分中稻处于孕穗期，及时喷施碧护、磷酸二氢钾等叶面肥、生长调节剂，如叶色偏淡每亩补施尿素 2～3 公斤。再生稻头季大部分处于灌浆成熟期，追施促芽肥后适时露田提高根系活力，延长叶片功能期。晚稻大部分处于返青分蘖期，根据苗情追施尿素、钾肥、叶面肥和生长调节剂；对受淹排水后晚稻及时喷施碧护、磷酸二氢钾等叶面肥、生长调节剂提高抗逆能力，适量补肥提苗；对移栽期偏迟田块，活蔸返青后及早施用分蘖肥，通过肥水调控促苗情转化。

三是及时改种补种。对受灾严重导致绝收的田块，退水时间较早的，及时翻耕，抓紧调剂备用秧苗补插晚稻；无备用秧苗的，可在 8 月 1 日前采用“湘早籼 32 号”等生育期 95 天以内、耐寒性较强的早稻品种进行翻秋直播，同时加强肥水管理，落实一喷多促等措施，确保安全齐穗。退水时间较迟的，及时改种生育期短的秋玉米、蔬菜等其他作物。

四是加强病虫害防控。强化病虫害监测预警，重点防控稻纵卷叶螟、稻飞虱、稻瘟病、纹枯病等病虫为害。在上午 10 点前或下午 5 点后，避开高温时段安全施药，推荐专业化统防统治，提高防治效果。水淹田需特别注意防治水稻细菌性病害，推荐选用噻森酮、氯溴异氰尿酸等药剂进行及早预防，已发病田块第一次用药后隔 5～7 天再防治一次。

第二十二期　当前晚稻田间管理技术指导意见

（2024 年 8 月 21 日）

根据近日田间调查情况，当前晚稻大部分正处于拔节至幼穗分化初期，移栽较早的处于幼穗分化 3～4 期，大部分田块陆续进入幼穗分化 2 期，正是施用穗肥关键期。特针对当前情况提出如下技术指导意见。

1. 排水晒田

当田间茎蘖数达到目标穗数的 70%～90%时，根据“时到不等苗”的原则，必须断水晒田，直至田面土壤沉实，不陷脚，田边裂小缝为宜，控制无效分蘖。

2. 巧施穗肥

穗肥的施用要在群体高峰苗已过、叶色明显褪淡显“黄”的基础上进行，在主茎幼穗分化 3 期左右每亩施尿素 4～6 公斤，复合肥（15－15－15）7.5 公斤，氯化钾 8～10 公斤，促进颖花分化、壮穗促花。若叶色褪淡不明显或天气不好时，应推迟或分次减量施用。

3. 施好粒肥

粒肥以叶面肥的形式施用，在抽穗 80%时每亩叶面喷施碧护（或九二零 1 克）＋磷酸二氢钾 100 克，兑水 50 公斤喷施。晚稻后期气温下降，稻根衰老，吸肥力降低，喷施叶面肥可快速促进植株对营养吸收，对提高对晚稻提高结实率和粒重有重要作用，特别在天气干旱或冷害的情况下尤为重要。

4. 病虫防控

加强田间病虫害的监测，根据各区县市《病虫情报》，结合“一喷多促”防治病虫害，增强植株抗逆性。特别注意“盛夏不热、晚秋不凉”的天气有利于稻飞虱增殖爆发，需密切关注及时防治；丘陵山区稻瘟病高发多发区域和稻瘟病感病品种要结合“一喷多促”做好稻瘟病防控工作。此外，水稻进入幼穗分化期后，抗除草剂能力大大降低，容易发生药害，田间禁止使用除草剂。

稻田间管理意见

当前我市晚稻大部分田块处于幼穗分化 4～5 期，部分移栽较迟的田块刚进入幼穗分化 2～3 期，据长沙市气象局预测，我市近期将持续高温少雨，针对当前情况提出如下技术指导意见。

1. 保障水源

水源有保障的农田要做到可灌可排；灌溉不便的农田，要找好水源，准备好抽水设备，必要时抽水灌溉，随时做好抗旱准备。

2. 以水调温

当前高温天气晚稻田可采取灌深水、日灌夜排或长流水灌溉等方式，降低水稻冠层和叶片的温度。一般灌溉水层在 3～5cm，根据田间长势可调整到 5～7cm，但也不宜长时间持续深水，没有条件及时灌排水的宜采用干湿交替方式管水。

3. 以肥增抗

尚未施穗肥的田块可适当增加穗肥中速效氮肥用量，处于幼穗分化 3 期左右的田块，植株叶片颜色落黄的可每亩施尿素 4～6 公斤，氯化钾 7.5 公斤，促进大穗的形成和提高后期结实率，同时，通过尿素中氮元素吸收促进叶片迅速转绿，降低植株温度。可适当喷施叶面肥和生长调节剂，既能降温增湿，又能补充作物生长所必需的水分及营养，增强水稻抗逆能力。

4. 防控病虫

加强田间病虫害的监测，结合“一喷多促”防治病虫害。防治稻飞虱可选用三氟苯嘧啶、烯啶·吡蚜酮等，防治稻纵卷叶螟、二化螟等害虫可选用四氯虫酰胺、茚虫威、乙基多杀菌素等，防治稻瘟病、纹枯病、稻曲病等病害可选用三环唑、吡唑醚菌酯微囊悬浮剂、噻呋酰胺、嘧菌酯、肟菌·戊唑醇等杀菌剂。

第二十四期　2024年长沙市油菜秋播技术指导意见

（2024年9月14日）

为贯彻落实国家和省油料保供战略，实施好油菜大面积单产提升工程，促进全市油菜面积持续扩大，单产稳步提升，产能不断增加，各地应切实抓好农机农艺配套、主导品种和主推技术示范与推广应用、绿色高效新技术的示范与推广，提高耕种质量，培育壮苗越冬，全面夯实明年油菜夏收丰产基础。经研究制定本技术指导意见。

一、选用高产高抗良种

良种是产量和品质提升实现的基础，要根据茬口类型、种植方式、机械化程度、抗根肿病菌核病要求等，选用本地区适宜的高产高抗油菜品种。2024年，我市推荐发布的市级油菜主导品种如下：

稻—油两熟和旱地作物—油菜轮作种植模式：宜选用含油量高、抗倒抗病的高产“双低”油菜品种，如华油杂50、华油杂62、中油杂501、中油杂19、沣油789、湘杂油787等。

稻—再生稻—油菜轮作种植模式：宜选用生育期较短、耐迟播的短生育期“双低”油菜品种，如沣油112、沣油730等。

菜油两用及农旅融合生产：宜选用沣油789、春云2号等分枝多、繁茂性好、再生能力强的“双低”油菜品种。

根肿病易发风险区：可选用华油杂62R等抗根肿病品种。

二、切实提高整地质量

对移栽油菜，苗床要选择通风向阳、土壤肥沃疏松、靠近水源的地块，整地要求做到“平、细、实”。对直播油菜，要因地制宜采用耕翻、深旋等方式埋草整地，埋草深度为15～20厘米，做到深浅一致。通过“耕—耙—旋”、“旋—旋”等增加作业次数的方式提高耕整地质量，促进匀苗齐苗。另外，规范“三沟”配套。要坚持早开沟、深开沟，避免“断头沟”，确保厢沟、腰沟、围沟配套，排灌畅通，减轻渍害的发生。

三、适期适墒播种移栽

根据墒情（土壤相对含水量70%～80%）和前茬收获情况抢时抢种，力争实现移栽油菜在9月中下旬育苗，直播油菜在10月上中旬播种。因湿渍害或根肿病易发区，可适当推迟播期，有利于降低根肿病的发生，但最迟不晚于10月底。通过适期播种，促进冬前油菜早发快发，为培育壮苗奠定基础。

四、科学施肥育冬壮苗

在耕翻埋茬后，结合旋耕整地，撒施基肥，一般每亩施45%三元（15—15—15）复合肥25～30公斤、尿素5～10公斤、硼肥0.5公斤。有条件的地区推荐施用油菜专用配方推行采用种子包衣、药剂拌种等方式，高效防治苗期地下害虫、蚜虫、菜青虫、根肿病、根腐病等病虫害，提前控制冬前病虫发生基数，减轻后期防控难度。

杂草防治坚持“封杀结合、以封为主、科学用药”的防除策略。播后芽前、墒情适宜时，及时喷施封闭除草剂，可选用精异丙甲草胺、二甲戊灵等封闭除草剂。对播种时未封闭除草或效果不理想，杂草达到防治指标田块，可在苗5叶期喷施油菜专用苗后除草剂防除一次杂草。

第二十五期　长沙市绿肥生产技术指导意见

（2024 年 9 月 14 日）

绿肥是优质有机肥源，种植绿肥是化肥减量、提升耕地质量的主要措施，也是实现“藏粮于地”“藏粮于技”的重要举措，还是美丽宜居村庄冬春季见绿、赏花、培肥的重要举措。为切实做好我市绿肥生产工作，特提出以下技术指导意见。

一、稻田绿肥种植

1. 种植模式

双季稻田可选择单种紫云英、“三花混播”或“紫云英＋肥用油菜”种植模式；一季稻田除以上三种模式外，还可选择“油用油菜＋紫云英”种植模式。推荐稻油轮作区在油菜田套播紫云英模式。

2. 品种选择

尽量选择湖南本地或者邻省生产、适应性强的紫云英（主推品种湘紫 1 号、湘紫 4 号、赣紫 1 号）、肥用油菜（油肥 1 号）等绿肥种子，特别注意绿肥种子质量。播种前选择晴天连续晒种 5～6 小时，清除杂质菌核，提高绿肥发芽率。多年未种紫云英的田块，应接种紫云英根瘤菌。

3. 播种时间

提倡中稻收割后及时播种，晚稻收割前适时飞播，最迟播种期不迟于 10 月底。一季稻高岸田建议推广紫云英免播生产技术，即连续 2 年播种绿肥并在 5 月上中旬绿肥种子部分成熟时翻压还田，从第三年开始可免播。

4. 开沟要求

在中晚稻收割、绿肥播种后，立即开好沟，沟宽、沟深均约 20cm。做到“三沟”配套，即环田开围沟，每隔 5～8m 开“井”字沟，田块较小的开“十”字沟，做到沟沟相通，确保排水通畅。

5. 种子用量

单种紫云英播种量约 2～2.5kg/亩，紫云英与肥田萝卜（肥用油菜）混播，播种量为紫云英 1.5～2kg/亩，肥田萝卜 0.1～0.13kg/亩或肥用油菜 0.07～0.1kg/亩；紫云英与油菜套种，紫云英用种量不少于 1kg/亩。

6. 田间管理

稻田种植绿肥播种前未开沟的及时补开，已开沟的注意及时清除沟中淤土。绿肥种子发芽前要保持田面润而不淹，绿肥种子发芽后田间要清沟沥水。冬绿肥偶发白粉病、菌核病、蚜虫等，应及时防控。

8. 减肥建议

种植绿肥的田块下茬水稻基肥每亩建议减少配方肥（18—10—12 或相近配方）8～10 公斤。

二、果茶园绿肥种植

1. 种植模式

可采用冬绿肥覆盖免耕压草模式，幼龄果园或茶园宜采用冬夏绿肥周年覆盖模式。

2. 品种选择

可选择毛叶苕子、箭筈豌豆、紫云英、三叶草等，紫云英适宜地势相对平缓的果茶园。

3. 种子处理

紫云英在播种前选择晴天连续晒种 5～6 小时，注意水选清除菌核。毛叶苕子等播种前应晒种 1～2 天。新开或多年未种紫云英的果园，应接种紫云英根瘤菌。

4. 播前准备

播种前清园，杂草茂密且高度超过 40cm 的果园采用机械或人工割草。

5. 播种要求

绿肥单播，紫云英 1.5～3kg/亩，毛叶苕子 3～4kg/亩，光叶苕子 2.5～3kg/亩，箭筈豌豆 6～10kg/亩。9～10 月土壤墒情较好或者雨后土壤湿润的情况下，采用无人机或人工均匀撒播。杂草少的果园和茶园直接撒播，杂草茂密的先割草后免耕撒播。翌年 8～9 月根据情况适当补充播种，播种量减少 30％。茶园应在撒播后尽快中耕，促进绿肥出苗。

6. 田间管理

绿肥生长期实行轻简化管理，可不施肥、不除草。但贫瘠土壤可基施或追施少量化肥。出现旱情时应及时补灌，出现渍涝应及时排水。种植绿肥的果园，每五年左右应结合秋耕深翻一次。

7. 翻压还田

可采用翻压或覆盖方式还田。

8. 减肥建议

一般可替代化肥 20％以上。

第二十六期　应对晚稻“寒露风”危害的田间管理技术指导意见

（2024 年 9 月 19 日）

当前晚稻处于抽穗末期至灌浆初期，是产量形成的关键时期。根据最新气象资料综合分析，预计 9 月 20 日晚我省有明显降温，最高气温下降 8～10℃；22 日至 24 日省内大部分地区平均气温降至 20～22℃。预计 22 日至 24 日出现寒露风的风险较高。为进一步落实落细晚稻灾害防范和应对措施，长沙市农业技术推广中心（湖南省农业广播电视学校长沙市分校）特提出以下应对大风降温防“寒露风”技术指导意见：

1. 以水保温减轻低温危害

在寒露风来临前，灌深水保温，一般水深保持在 5～10 厘米。寒露风过后，应逐渐排水透气，促进根系生长。特别提醒：天气转晴、气温骤升的情况下，切忌快速排干，否则会造成作物生理性失水失绿的严重后果。

2. 化学调控增抗逆防早衰

在晚稻抽穗扬花期和灌浆期，可提前喷施植物生长调节剂和叶面肥，如磷酸二氢钾、芸苔素内酯等，以提高植株的抗逆耐寒能力，促进花粉萌发和籽粒灌浆、防早衰。一般可喷施磷酸二氢钾亩用 75～100 克，兑水 30 公斤。“寒露风”到来前，对仍未齐穗的水稻，一般可在水稻抽穗 5%～10%时，抢晴天亩用 0.5～1 克“920”或 1 包“谷粒饱”兑水 15 公斤叶面喷雾促齐穗，提高结实率、减少空秕粒的发生；注意施用时不宜过早，以免造成叶鞘伸长影响抽穗；也不宜过晚，以免造成稻穗抽出过长发生倒伏。

3. 强化病虫监测实施综合防治

寒露风期间，水稻受急剧降温影响生长势弱，容易受到病虫害的侵袭，如稻瘟病、稻飞虱、稻曲病等。应切实强化病虫害监测，及时采取防治措施，确保晚稻的正常生长。

当前正是油菜大面积播种“黄金期”，为了确保油菜苗齐苗壮，有效预防苗期病虫草害，保障油菜稳产增效，特制定油菜种子处理及杂草防控技术指导意见。

一、种子处理

在播种前2～3天提前晒种，杀灭种子表面病菌、提高种子活力。在播种前，用60%吡虫啉悬浮种衣剂10ml或30%噻虫嗪悬浮种衣剂10ml适量兑水，均匀拌种0.3～0.4kg，置于阴凉处晾干24小时以上充分吸收药液后再播种，可有效预防油菜苗期害虫。拌种时可加入赤·吲乙·芸苔等，有效提高油菜播种抗病虫能力和出苗质量。根肿病发生区另外加入氟啶胺等药剂进行拌种。

二、杂草防治

（一）农业措施

清洁田园：及时清除农田埂边、沟渠边的杂草，防止田外杂草种子进入油菜田。

合理密植：抓好一播全苗，合理密植，提高油菜的竞争力，降低杂草出苗数。

机械耕翻：利用机械进行深翻或旋耕整地，灭除田间已经出苗的杂草，同时将前茬秸秆埋入土中，为增强土壤封闭效果和减轻冻药害打好基础。

覆盖措施：播种后，采取玉米秸秆或稻草覆盖，降低田间杂草出苗基数。

（二）化学措施

土壤封闭：直播油菜在播后苗前、移栽油菜在移栽前2～3天，可选用精异丙甲草胺、乙草胺（或丁草胺）、异恶草松及其复配制剂进行土壤封闭处理。喷施土壤封闭除草剂时应注意土壤墒情，一般在雨后或土壤墒情适宜时使用效果好。施药时用水量要适当加大，每亩用水量30～40kg为宜。施药后如遇降雨，应及时排水，以免积水造成药害。

茎叶处理：油菜活棵4叶期后或直播油菜田杂草2～5叶期，选用高效氟吡甲禾灵、精喹禾灵、烯草酮、烯禾啶等药剂及其复配制剂防治看麦娘、茼草等禾本科杂草；选用草除灵、二氯吡啶酸及其复配制剂防治猪殃殃、牛繁缕等阔叶杂草，注意交替轮换用药。当气温低于8℃时不宜用药，低温寒流前后一周内不开展茎叶喷雾处理用药，避免低温导致除草剂的冻药害。

敏感药剂：芥菜型油菜对草除灵高度敏感，不宜使用该药。草除灵对白菜型油菜有轻度药害，宜在白菜型油菜越冬期及返青期施药。禁止在白菜型、芥菜型油菜上使用二氯吡啶酸、氨氯吡啶酸等药剂。

第二十八期　油菜机械化播种技术指导意见

（2024 年 10 月 15 日）

当前正值油菜秋播关键时段，为推进油菜生产全程机械化发展，加强农机农艺融合，推动机械化作业水平提高，以机械化力量支撑油菜扩种，特制定油菜机械化播种（移栽）技术指导意见。

一、种植前准备

1. 选择宜机品种

应结合当地生态条件、种植制度、综合性状优良的主推品种，选择具有早发能力强、花期集中、成熟期相对一致、抗倒伏、抗裂角、抗病、株高适中、株型紧凑等适合机械化作业特性相对较好的早熟耐寒油菜品种。

2. 做好配套育苗

在稻油轮作生育期不足或因其他原因不能及时播种的地区，应采用育苗移栽。油菜育苗与机械移栽是相互配套的，当前我市推荐采用毯状苗育苗，配套机械为毯状苗移栽机。

3. 提高整地质量

前茬水稻收获时应选用带秸秆粉碎装置的联合收获机，秸秆切碎后均匀抛洒，避免秸秆堆积。要切实提高整地质量，采用油菜直播种植方式，前茬留茬高度应小于 20cm；采用油菜移栽种植方式，前茬留茬高度应小于 40cm。油菜种植前将秸秆粉碎，用带有翻转埋茬功能的旋耕机整地，再用开沟机作厢，形成 1.8 米左右畦面宽度，畦面要平整；也可采用集秸秆粉碎、翻转埋茬、开沟作畦于一体的复式耕整地机具作业。开沟作厢宽度应与油菜种植、收获机械作业宽度相对应，厢沟、腰沟、边沟配套，沟深 15～20cm，沟上口宽大于 25cm，沟底宽大于 15cm。厢沟宽 0.3 米，厢沟深 0.2 米以上，厢沟尽量开直。田块四周深开围沟，长度超过 40 米的田块每隔 20～30 米开一条腰沟，围沟和腰沟沟宽 0.5 米，沟深 0.3 米以上。

二、机械化种植

稻田轮作油菜要秋收后抓住当前降水形成的有利气候条件适墒抢种，机械种植方式分为机械直播、无人机飞播和机械移栽三种。

1. 机械直播

播种期一般在中晚稻等前茬作物收获后及时抢种，提倡早播。播种行距 20～30cm，播种量 200～300g/亩，播种深度 5～25mm，油菜出苗株数应大于 2.5 万株/亩，播种期推迟时应适当加大播种量。播种机具应选择具有一次完成旋耕、灭茬、起垄、开沟作畦、播种、施肥等多种工序联合直播机，或少、免耕精量油菜播种机等。按照机具使用说明书要求进行作业，播种作业质量应符合漏播率小于 2%、各行播量一致性变异系数小于 7%、时完成播种的田块。一般是在完成前茬水稻收割以及开沟、旋耕等整地准备后，采用无人机进行油菜飞播。如果前茬水稻收获前土壤墒情适宜，可以在水稻收获前1～10天飞播油菜，提前播种适当缓解茬口矛盾。油菜飞播播种量300～400g/亩，随着播期推迟，可适当增加播量。无人机播种走向、开沟机开沟走向与水稻种植行向保持一致，飞播作业以高度3m左右、速度5m/s左右、播幅4.5m左右为参考，具体参数根据所采用机型进行微调。无人机飞播应考虑天气因素，应选择风速较小天气，如遇侧风较大，可适当降低飞播作业高度、缩小飞播播幅，同时考虑飞行航路设置中的偏移补偿。播种后在土壤墒情适宜时施肥、开沟，以提高开沟效率、沟土覆厢质量和成苗率。

3. 机械移栽

适合油菜毯状苗机械移栽的秧苗密度3000株/m^2左右，苗高80～120mm，苗龄大于30天，叶龄5～8叶，绿叶数3～4片；苗片秧苗直立、分布均匀，空穴率小于10%；秧苗健壮，根系发达，盘根成毯，双手托起时苗片不断裂。移栽机具可选择插秧机底盘为动力的油菜毯状苗全自动移栽机，或以拖拉机为动力，集成旋耕埋茬、开沟作畦、移栽镇压等功能于一体的联合移栽机。油菜移栽按照机具使用说明书要求进行作业，作业速度控制在1m/s以内，株距14～18cm之间，栽植深度1.5～5cm；移栽作业质量应符合栽植合格率大于80%、漏栽率小于8%、栽植深度合格率大于75%的要求。

第二十九期　油菜防冻减灾田间管理技术指导意见

（2024年12月10日）

根据最新气象预报，气温将明显下降，低温寒潮将至，对油菜正常生长和安全越冬带来较大风险。为科学应对低温冻害，确保油菜安全越冬，夯实明年夏收油菜丰产丰收基础，特制定油菜防冻减灾田间管理技术指导意见。

1. 中耕培土，清沟排渍

寒潮来临时，要及时中耕除草、培土壅蔸，提高根系抗冻能力，受冻严重油菜出现拔根掀苗的田块要及时培土壅根。培土以培至第一片叶基部为宜，既能直接保护根部，又能预防后期倒伏。田块解冻后，应及时清理疏通厢沟、腰沟、围沟“三沟”，达到沟沟相通、排渍畅通，降低田间湿度，减少次生灾害，促进油菜根系生长。

2. 以水调温，保墒抗寒

冻害程度与土壤墒情密切相关，干冻易加重冻害发生。一方面，有条件的地方可用秸秆、谷壳灰覆盖厢面保水增温，减轻寒风直接侵袭。另一方面，在寒潮来临前按照田不积水原则适时灌水，可提高地温1℃～2℃，减轻冻害影响。需要注意的是，浇水后外露的根基需重新培土，解冻后应及时清沟排水，以免因渍水伤根。

3. 控旺促弱，壮苗抗寒

培育壮苗是抗低温冻害最直接有效的措施，坚持分类管理，控旺促弱，培育壮苗。对晚播弱苗的，结合中耕松土，在根部亩追施10公斤尿素提苗，加快苗情转化。对油菜根系受伤的，清沟排渍后应根据苗势每亩追施5～7公斤尿素，并适当补施磷钾肥，喷施胺鲜酯或芸苔素内酯等调节剂增强油菜抗逆能力。对有旺长趋势的田块，可用15%多效唑粉剂40～50克、磷酸二氢钾100～150克兑水喷施化控，增加油菜抗寒防冻能力，防止早薹早花和后期倒伏。对已经抽薹的旺长苗，可以按照“菜油两用”模式，在薹高40厘米时摘薹15～25厘米，既能达到化控效果，又能增加菜薹收益，而且不影响油菜籽产量。

4. 冻株离田，防病治虫

对受冻明显田块，要及时摘除破裂的主茎和严重受冻的叶片带出田外，并喷施多菌灵、代森锰锌等杀菌剂，防止菌核病病原菌入侵油菜植株伤口溃烂处。对根肿病，及时清理病株，或结合蚜虫、菜青虫的防治，用氟啶胺、生根粉加吡虫啉叶面喷施，发病初期可用氟啶胺溶液灌根处理。对虫害，可用噻虫嗪防治蚜虫，用溴氰菊酯或阿维菌素防治菜青虫。对草害，可用盖草能或烯草酮防除禾本科杂草，或进行浅中耕锄草，抑制杂草生长。

第三十期　当前冬油菜越冬管理技术指导意见

（2024 年 12 月 30 日）

油菜越冬期的田间管理是确保油菜健康生长和高产的关键措施。为确保油菜安全越冬，为春发稳长打好基础，特制定当前油菜越冬管理技术指导意见。

1. 摘除早薹，促进分枝

对于早薹和早花现象，可按照“一菜两用”模式，在主薹高 40cm 时摘薹 15～25cm，建议只采一次主薹，保留足够的分枝产油菜籽。摘薹后，应及时补施尿素 8～10kg/亩，促进分枝早生快发。

2. 分类施策，看苗追肥

一般越冬前冬油菜达到 9～11 片叶比较适宜，可根据苗情长势看苗追肥，对基肥用量足、密度适宜、长势健壮的油菜可不追施腊肥。对于长势过旺的，出现明显叶搭叶、苗挤苗的田块，可采取化学控旺，每亩喷施 5%烯效唑 40g 或 15%多效唑 50g，降低株高，使茎秆增粗，增强抗倒性。对于植株长势稳健但叶片尚未封田的，每亩可追施 3～5kg 尿素和 3～4kg 氯化钾或复合肥 10～15kg（15－15－15）。对于长势较弱的油菜，播期偏迟以及长势差、株体弱小的油菜，可每亩追施 5～7kg 尿素和 4～5kg 氯化钾或复合肥 15～20kg（15－15－15）。对于出现叶缘发红倒卷、叶片皱缩等缺硼缺磷症状的，可增施硼肥和磷酸二氢钾做叶面肥。

3. 加强监测，防病治虫

重点防治蚜虫、黄条跳甲、猿叶甲、菜青虫、霜霉病等病虫害。虫害可选用吡虫啉、苦参碱、阿维菌素、氯虫苯甲酰胺、联苯·噻虫胺等药剂防治；防治霜霉病可选用代森锰锌、甲霜灵·锰锌、烯酰吗啉·甲霜灵等等。

施肥施药时可添加碧护、二氢卟吩铁、派诺克等生长调节剂及磷酸二氢钾、氨基酸水溶肥、新美洲星有机水溶肥等增强油菜抗逆抗病虫能力。

附录二 中央媒体报道长沙“四高”集锦

执粮食生产“四高”试验示范之笔 绘“星城”水稻大面积单产提升之卷

湖南省长沙市坚决扛牢粮食安全政治责任，按照“稳面积、增单产”两手发力的要求，大面积提升水稻单产。2022年开创性开展高标准、高技术、高产量、高品质的粮食生产“四高”试验示范（以下简称“四高”），推进良田良制并举、良种良法配套、农机农艺融合。2024年，全市“四高”推广面积达119万亩、占双季稻播种面积8成以上，辐射全市54个乡镇、474个村、3406个种粮主体。三年来，核心示范区双季稻亩产稳定在1200公斤以上，综合试验区平均亩产1000公斤以上，“四高”双季稻丰产增效技术入选2024年度湖南省农业主推技术，成功探索出一条依靠科技保障粮食安全的新路径。

在部署上突出高位推动。一是主要领导重视。省委副书记、省长毛伟明，省委常委、市委书记吴桂英等省市领导亲自挂帅，联点区县创办粮食生产万亩示范片，多次召集专题会议、多次亲临田间地头，督导“四高”工作。市委农村工作会议、市委一号文件连续三年对“四高”工作进行部署。二是市县协同推进。成立工作领导小组，市农业农村局牵头抓总，市农技中心抓早抓实部署，县乡两级农技推广机构协同参与，全面推进创建工作；年初实地调研选址，明任务定目标；年中召开推进会，抓典型促平衡；年底举办讲评会，抓总结谋来年。三是配套保障先行。印发粮食生产“四高”工作奖补方案，年投入资金1000万元以上，保障项目顺利推进。同时，在“四高”全域开展双季稻高产竞赛，调动普通农户应用“四高”技术、参与“四高”创建的热情。

在服务上突出细致周到。一是院士团队悉心指导。市政府与省农科院签订全面合作框架协议，建立一名院士团队专家联系一个区县（市）的指导机制，以柏连阳院士领衔的专家团队主持审定年度创建工作方案和技术方案，分片指导试验示范的实施，关键农时逐乡镇逐片区深入田间开展巡查问诊、技术指导服务。二是农技体系优化壮大。市级招聘选调15名优秀的农技人员至市农技中心，县乡两级将分散在各战线上的农业技术专业人才重新调整回农业生产专技岗位，强化农技推广体系建设。三是技术指导与时俱进。市县乡三级农技部门联动，每周深入田间地头2—3次，逐户巡查、跟踪指导，年均开展技术指导300余次。创新编撰发布《农技指导》技术服务专刊55期；拍摄“农农开讲”系列农技推广短视频32期，浏览超12万次；举办粮食生产专题培训班23期，培训学员近2000人。

在技术上突出集成创新。一是建良田。大力推动投融资创新型高标准农田建设，亩均投资4000元以上，全市已建成高标准农田291.93万亩、完成高标准农田改造提升13.83万亩。推进“小农水”项目建设，市县两级共投入3.64亿元，建成项目790个，有效改善农田灌溉面积28万亩。率先开展“一场三池”综合治理试点，大力实施紫云英推广行动，建设13个绿肥种植千亩片，多渠道增施有机肥。二是推良种。开展农作物新品种适应性试验，筛选发布适宜长沙地区种植的高产优良水稻品种23个。在镉污染中低风险利用区推广应用镉低积累新品种试种示范，2024年推广面积21.3万亩，有效解决大米镉超标问题。指导做好“早高晚优”“早专晚优”等模式搭配，良种覆盖率达99％以上。三是用良法。双季稻区全面推广适当密植、增密减氮、科学管水、健身栽培等丰产技术；全面落实化肥农药减量，推广秸秆粪肥还田、冬种绿肥、有机肥部分替代化肥、深水灭蛹、带药移栽、理化诱控、“一喷多促”、科学用药等绿色技术。推广应用新型适用农机装备，全市水稻耕种收综合机械化率提升至90.01％。

在成效上突出高产优质。一是高产有实绩。在高产竞赛中，普通农户应用“四高”丰产增效技术，双季稻周年亩产1376.8公斤，创全市高产纪录，同时涌现出一大批亩产超1200公斤的种粮能手，辐射带动全市水稻大范围均衡增产。成功打造了长沙县春华镇、浏阳市沙市镇等主要粮油作物大面积单产提升的典型。二是品质有提升。优先采用翻耕灌深水灭虫灭蛹、理化诱控、田埂种豆等绿色防控措施全方位布控，重视生物药剂和高效低毒化学药剂相结合。经检测，稻谷农药残留和镉含量均未超标，稻米品质有提升。三是宣传有口碑。部、省市各级领导及外国使团调研参观30余次，对长沙市“四高”做法和成效给予高度肯定，经验获《人民日报》、中央电视台、《农民日报》《湖南日报》等中央和省级媒体报道50余次。

（农业农村部《种植业快报》主要粮油作物大面积单产提升行动专刊第31期，2024年11月27日发表）

湖南省长沙市：生产向绿　探出新“稻”路

在湖南省长沙市浏阳市淳口镇，种田大户朱兴仁身后，连片的高标准农田里，万亩稻田绿油油，刚安装好的1200多套诱捕器格外显眼。这1200多套诱捕器将为1100多亩水稻撑起生物防治“保护伞”，实现绿色防控全覆盖。

诱捕器主要作用是释放气味引诱害虫，分“食诱”和“性诱”两种。“食诱”让稻纵卷叶螟乖乖当俘虏；“性诱”专门引诱二化螟的雄虫，让其掉入“陷阱”，被朱兴仁称作“美人计”。朱兴仁说：“这是我们虫口夺粮的妙招，通过巧施‘美人计’，一年可以有效减少农药用量7%左右。”

朱兴仁虫口夺粮底气足的背后，是长沙深入推进粮食生产“四高”（高标准、高技术、高产量、高品质）试验示范的大手笔。

近年来，长沙探索实现粮食生产“四高”综合示范区病虫害绿色防控覆盖率100%，深入开展水稻绿色防控综合示范，并针对水稻二化螟、稻纵卷叶螟田间发生情况及规律，提出“一桶双芯”创新推广模式，实现了提高产品防效、降低人工成本的双赢目标。

目前，该模式正在长沙大面积推广应用，辐射全市千亩核心示范片6个、万亩综合示范区13个，覆盖乡镇52个、惠及种粮主体3332名。长沙以粮食生产“四高”试验示范擦亮粮食生产绿色底色。

“米袋子”不仅要装满粮，还要装好粮。如何才能出好粮？除了从生物防治的角度破题，长沙还从科学精准施肥、全程机械化应用等方面发力，建设一批双季稻绿色生产技术集成示范基地，构建长沙市双季稻绿色生产技术体系、推广应用模式和政策服务体系，推动长沙粮食生产“四高”试验示范区双季稻化学农药减少10%以上，化学肥料减少10%以上，亩均增产150公斤以上，示范区亩均增收400元左右。

生产向绿，节本更增效。“哪块稻田需要作业，只需要在手机上轻轻一点，无人机就会自动作出航线的调整。”圆湖农机合作社飞防操作手黄海说。在宁乡市金洲镇的示范基地，他利用手机操控无人机进行飞防，轻轻松松就能完成几百亩地的农药喷洒作业。黄海表示，通过推广无人机等新型植保机械，水稻种植可以有效实现标准化农药喷洒和专业化统防统治，减少化学农药的使用。

逐绿而行，更多生物防治“黑科技”接踵而至。在减少化肥使用方面，长沙在示范区全面推广测土配方施肥，实行秸秆粪肥还田、有机肥替代部分化肥、种植冬季绿肥等方法，应用增苗节氮、控氮增磷钾、叶面喷施微肥等科学施肥技术，实现节氮、节肥。望城区高塘岭街道新阳村种粮大户高帅尝到甜头，他高兴地说：“种植绿肥、测土配方、喷施生物农药，减药能达20%～30%。”

生态向绿，稳产更高产。在位于浏阳市龙伏镇新开村的粮食生产“四高”试验示范基地，鸭子在稻田里嬉戏。除了鸭子，示范区里还多了不少智能设备，像小气候实景观测站、智能虫情监测站、“双诱芯”害虫诱捕器等，专门给稻田“站岗放哨”。

“这是‘稻鸭共养’生物控虫模式，让鸭子吃掉稻田里的虫子，同时还能还肥给稻田，一举两得。”种田大户沈慧锦说，稻田养鸭不仅可以有效控制田间的杂草以及虫害，还能为水稻提供有机肥。另外，鸭群在田间的运动，可以刺激水稻的生长，促进根茎分蘖，一水两用，一田双收。沈慧锦算了一笔细账，除了养鸭带动增收，生态种养的稻米品质好、价格高，通过“稻鸭共养”，每亩稻田产值超过3000元。

农业绿色高效发展大大改善了生态环境，放眼长沙粮食生产“四高”试验示范区，整齐划一，田园风光自然优美，长沙通过全面推行绿色综合防控技术，实现化学农药使用量减少15%以上、节本增效10%以上，让绿色成为长沙粮食生产最亮的底色。

（钱娟《农村工作通讯》，2024年第17期报道）

扛稳扛牢粮食安全重任

——湖南长沙市落实总书记嘱托全力以赴抓粮食生产纪实

2020年9月，习近平总书记在湖南考察时强调：“要扛稳粮食安全的重任，稳步提升粮食产能，全面压实耕地保护责任，推进高标准农田建设，坚决遏制各类违法乱占耕地行为。”

仓廪实，天下安。党的十八大以来，习近平总书记一直高度重视粮食安全。“粮食安全是‘国之大者’。悠悠万事，吃饭为大。”“要牢牢把住粮食安全主动权，粮食生产年年要抓紧。”“强化粮食安全保障，稳住农业基本盘。”总书记的深切叮咛声声在耳。

抓好粮食生产，是民生大事。开创性地打造高标准、高技术、高产量、高品质粮食生产“四高”综合试验示范区是长沙市为保障粮食安全、端稳中国饭碗所作的努力之一。长沙市深入学习贯彻习近平总书记考察湖南重要讲话精神，严格落实粮食安全党政同责，坚决扛牢粮食安全政治责任，以“四高”试验为切入点，认真落实藏粮于地、藏粮于技战略，探索出整好田、选好种、育好秧、施好肥、防好病、全程机械化的“五好一化”粮食安全保障模式。

据了解，位于长沙市浏阳市和宁乡市的粮食生产“四高”综合试验示范区，今年双季稻亩产分别达到了1212.2公斤、1163.8公斤，同比增长29.65%和37.89%；在湖南省长沙市长沙县春华镇龙王庙村的粮食生产“四高”综合试验示范区里，最后经专家组测定，长沙县粮食生产“四高”综合试验示范区双季稻亩产达到了1275.8公斤，为长沙市的丰收答卷又添上了浓墨重彩的一笔！

今年9月，湖南省委常委、长沙市委书记吴桂英在长沙县粮食生产“四高”综合试验示范区调研时表示，要扛牢耕地保护政治责任，坚持农地姓农、良田种粮，坚持走科技种粮新路子。作为农业大省湖南省的省会，长沙市在确保粮食生产稳面、增产、提质上始终敢为人先、开拓创新，为扛稳粮安重担贡献长沙智慧、彰显省会担当。

稳面积：将粮食生产硬任务一亩一亩抓到位

习近平总书记的谆谆叮嘱，化成牢牢守住粮食生产面积的坚决行动。

在今年的市委农村工作会议上，吴桂英表示：“粮食安全是‘国之大者’，长沙市始终牢记总书记嘱托，全力稳面积，将粮食生产硬任务一亩一亩抓到位。”

在长沙市浏阳市澄潭江镇和家村中心组的一片果林里，上有累累硕果，下有鸡群啼鸣，一派农家好风光。看着在林中四处跑动的鸡群，村民罗友林笑容满面：“这样活泼好动的生态鸡，能卖个好价钱呢。”

在此之前，罗友林计划把稻田里的一栋平房当作鸡舍，用来养产蛋鸡。“后来被村里的‘田长’彭显洪发现，劝我把平房拆掉恢复为耕地，再帮忙牵线，介绍我到这片果林发展林下养殖。现在耕地面积增加了，我的收入也增加了。”罗友林高兴地说。

自 2021 年 3 月起，浏阳市率先在湖南省探索实践耕地保护田长制，落实市、镇、村、组、户五级保护，实现耕地保护责任全覆盖。当年底，浏阳市被纳入全省 6 个田长制试点县市区之一。

如今，长沙市已全面推行田长制，并取得显著成效。今年 8 月，长沙市委、市政府出台了《关于全面推行田长制严格耕地保护的实施方案》，进一步压实全市各级党委、政府保护和合理利用耕地的主体责任，牢牢守住耕地红线，保障粮食安全。

为了确保粮食生产面积，长沙市不但率先践行田长制，严格落实耕地保护责任，而且从层层压实政治责任、持续加大扶持力度、发展适度规模经营 3 个方面发力，把农地姓农、良田种粮落实落地。

在今年春耕备耕的关键时节，吴桂英，长沙市委副书记、市长郑建新，副市长邹特等深入田间地头，现场指导粮食生产工作。长沙市农业农村局早安排早部署，提前把早稻、中稻、晚稻生产任务分解落实到户到田。与此同时，各县市区纷纷出台促进粮食生产的硬措施，各乡镇也通过动员会、部署会、党政领导责任田等方式将责任落实落细。

为了进一步提高农民种粮积极性，长沙市严格落实中央粮食补贴政策，将中央下达的 13928 万元实际种粮农民一次性补贴资金、38507 万元耕地地力保护补贴资金按时发放到位。据了解，今年长沙市共统筹安排财政资金 7 亿多元支持粮食生产，规模种粮主体种植双季稻补贴资金在 400 元/亩以上，最高可达 600 元/亩左右。

截至目前，长沙市共培育规模种粮主体 7000 余家，规模经营比例超过 60%，流转面积近 93 万亩。仅长沙县，流转土地 300 亩以上的种粮大户就有 143 个、500 亩以上的有 91 个。

龙伟义是长沙县春华镇龙王庙村的种粮大户，经营着福得农农业开发有限公司。他告诉记者，今年他一共流转了村里 530 多亩耕地。“如今很多村民都去城里打工了，耕地也没人种。他们把耕地流转给我，我就要把撂荒地变良田、变致富地。”龙伟义信心满满地说。

长沙市农业农村局党组书记、局长戴建文向记者介绍，长沙市始终把保障粮食安全作为重大政治任务来抓，今年以来，长沙市早稻、中稻、晚稻、旱杂粮播种面积均超额完成省定任务，全面完成 5.558 万亩抛荒耕地治理任务。除此之外，今年长沙市还推广了大豆玉米带状复合种植 0.81 万亩，并计划种植秋冬油菜 90.73 万亩，较上年增加 10 万亩。

增产量：农田标准化，用最好的技术种出最好的粮食

牢牢守住耕地，是为了牢牢端稳饭碗。10 月 26 日，吴桂英在宁乡市宣讲党的二十大精神时，再次表明要牢记习近平总书记对端稳“中国饭碗”的殷殷期待，加快高标准农田建设，增加粮食产量，让“米袋子”装满中国粮。

在长沙县粮食生产“四高”综合试验示范区，记者看到，随着稻谷收割而翻出来的泥土依然松软湿润，在太阳的烘照下，散发出一股独有的稻田的清香。

“这都得益于农田高标准改造，有效确保了农田排灌顺畅、旱涝保收。”龙伟义指着田边的沟渠给记者看，修整过的沟渠平整坚固，“特别是今年粮食生产遭遇了长时间的高温干旱天气，高标准农田建设发挥了很大的作用。”

粮食生产“四高”综合试验示范区是长沙市扎实推进高标准农田建设的一个缩影。“长沙市因地制宜、分类指导，通过改地适水、改地适土、改地适机，进一步提高粮食产能。”长沙市农业农村局四级调研员、粮食生产“四高”试验示范办公室负责人夏礼明说。

据介绍，改地适水，是指根据当地水资源条件，开展田埂沟渠修整和管道网化改造，增强农田灌溉排水和保水保肥能力；改地适土，是指根据当地地形特点，综合开展田块整治，实现“小田变大田，大田变良田”；改地适机，是指合理布局田间道路，开展机耕道建设，让农田适应全程机械化生产的需要。

除了进一步完善农田基础设施，农技人员还在土壤上下功夫。“目前示范区采用的是‘双季稻＋冬季绿肥’耕作制度，在晚稻收割以后种植紫云英，通过绿肥还田，可以有效改良土壤结构，培肥耕地地力，最终实现可持续的粮食增收。”夏礼明说。

有了良田，当然少不了良种。在粮食生产“四高”综合试验示范区，种什么品种的水稻，怎么搭配种植，都是有讲究的。湖南省农业科学院水稻研究所所长、湖南省水稻产业体系首席专家赵正洪告诉记者，目前长沙县和浏阳市示范区采用的是“早高晚优”品种组合模式，宁乡市示范区采用的是“早专晚优”品种组合模式。另外还有“早优晚优”“早高晚高”等品种组合模式。

“现在长沙县示范区里种着的是‘隆晶优 1212’晚稻品种，这个品种高产、优质、高抗、综合性状好，是湖南省二等优质晚稻品种。”赵正洪边说边用手抚摸着沉甸甸的稻穗，“我们要根据品种、品质、生育期、市场等因素，帮农民把最好、最合适的水稻筛选出来，指导他们配套种植，从提高单产入手端稳中国饭碗。”

有了好的品种，还要有好的秧苗。“秧苗好，秧苗粗壮，移栽后返青快，抵抗恶劣天气能力强，水稻就长得好，可以多增产、多打粮。”赵正洪表示，今年长沙市大力推广工厂化集中育秧，新建育秧大棚 15 万平方米，同时积极推行机抛等机械化生产，缩短水稻返青期，为高产稳产打下坚实基础。

从土地到土壤，从品种到育秧，“米袋子”满了起来，“钱袋子”也跟着鼓了起来。“去年同样的面积，早稻收了 153 吨，今年参加‘四高’试验，早稻产量达到了 198 吨，今年单算早稻就比去年多赚了十几万元。”看着丰收在望的晚稻，龙伟义相信将迎来一个更丰盛的收成。

提质量：粮食品质佳，生态环境美

“米袋子”不仅要装满粮，还要装好粮。习近平总书记对亿万中国人民吃饱饭、吃好饭的关心，在长沙市化成了推动农业高质量发展的新局面。5 月 18 日，郑建新在浏阳市武建农机专业合作社实地调研农机装备和早稻生产情况时表示：“将机械化、智慧化应用于从‘一粒种子到一粒大米’的生产全流程，稳步提升粮食综合生产能力，打造现代农业高质量发展‘强引擎’。”

如何才能出好粮？除了选种高产优质的水稻品种，长沙市从绿色综合防控、科学精准施肥、全程机械化应用三个方面入手，确保中国饭碗装的大米绿色又优质。

走进宁乡市金洲镇的示范基地，圆湖农机合作社飞防操作手黄海正在利用手机操控无人机进行飞防，轻轻松松就完成了几百亩地的农药喷洒作业。

“无人机和北斗系统是联通的，哪块稻田需要作业，只需要在手机上轻轻一点，无人机就会自动作出航线的调整。”黄海表示，通过推广无人机等新型植保机械，水稻种植可以有效实现标准化农药喷洒和专业化统防统治，减少化学农药的使用。

长沙市在做好减法的同时，也不忘用好加法。在浏阳市北盛镇的示范基地，稻田里比以往多了许多鸭子。“这是‘稻鸭共养’生物控虫模式，让鸭子吃掉稻田里的虫子，同时还能还肥给稻田，一举两得。”浏阳市农业发展事务中心驻点技术人员黎良平说。除了鸭子，示范区里还多了不少智能设备，像小气候实景观测站、智能虫情监测站、太阳能杀虫灯、“双诱芯”害虫诱捕器等，专门给稻田“站岗放哨”。

在减少化肥使用方面，长沙市在示范区全面推广测土配方施肥，实行秸秆粪肥还田、有机肥替代部分化肥、种植冬季绿肥等方法，应用增苗节氮、控氮增磷钾、叶面喷施微肥等科学施肥技术，实现节氮、节肥。

“我们计划通过全面推行绿色综合防控技术，实现化学农药使用量减少15%以上、节本增效10%以上。”长沙市农业技术推广中心副主任王少希说。

在望城区靖港镇凌冲村，种粮大户谭建祥生产的绿色优质稻米备受好评。除了在选种、育苗、插秧、施肥、防病虫害等各个环节科学管理、精益求精，他告诉记者，全程机械化应用有效保障了稻米的总体质量。

“高产优质的品种，工厂化集中育秧，再应用旋耕机、抛秧机、收割机、无人机、烘干机等设备，水稻种植基本成了流水线作业，粮食处于统一生产与品控之下，怎么可能卖相不好、品质不佳呢？”谭建祥高兴地说。

据了解，目前长沙市正在大力推动粮食全产业链融合发展，加快推进全程机械化，培育农机合作社582家，同时全面推广“十代”（代育、代耕、代插、代防、代管、代收、代烘、代储、代加工、代销）等粮食生产全程社会化服务模式，全市生产托管服务主体达3095个，服务总面积190万余亩。

“农业绿色高效发展大大改善了生态环境，放眼粮食生产‘四高’综合试验示范区，整齐划一，空气清新，田园风光自然优美，说是景区也不为过。”王少希笑着说。

戴建文表示，2023年长沙市将采取分层分区扩大试验示范的做法，在今年1000亩的基础之上，扩大到4万亩核心示范区、40万亩辐射区，在保障粮食安全的同时，深入挖掘乡村生态文化资源，形成农业高质量高水平发展的“长沙样板”。

“湖南省是农业大省，‘强省会’必先强农业。”中国工程院院士、湖南省农业科学院党委书记柏连阳说。从稳面到增产、再到提质，长沙市立足新发展阶段、贯彻新发展理念，依托科技与人才优势，以粮食生产“四高”综合试验示范区为抓手，积极探索院士农业、科技增粮的新路径，把“藏粮于地、藏粮于技”战略转化为可操作、可复制、可推广的技术集成创新实践，为扛稳粮食安全重任、推动农业现代化发展源源不断地贡献着新时代的长沙智慧。

（王艳，梁嘉伟《农民日报》，2022年11月10日头版报道）

优势叠加　向“新”突破

——“院士农业”的长沙实践

星城长沙，热辣滚烫。在这座湖南网红城市，文旅消费新场景层出不穷，藏于街头巷尾的烟火味道，“硬控”了一拨又一拨年轻人。新消费经济崛起背后，现代农业产业的基础支撑功不可没。

2020 年 9 月，习近平总书记在湖南考察时强调，要扛稳粮食安全的重任，稳步提升粮食产能。对此，长沙市委、市政府始终坚持农业基础地位，深入探索科技强农的机制模式，守牢粮食等重要农产品稳产保供的底线。在 2022 年 4 月，长沙市人民政府与湖南省农业科学院签订共同推进乡村振兴全面合作框架协议，面向乡村产业发展需求，依托本土科技与人才优势，由院士团队牵头，推动“产、学、研”深度融合，以新质生产力赋能乡村全面振兴。

回首两年多的发展历程，在“院士农业”的带动下，长沙粮食生产高标准、高技术、高产量、高品质的“四高”试验基地粮食亩产节节攀升、地方特色猪种保护与利用成果层出不穷、农业技术集成发展模式切实助农增收致富……长沙一方面稳稳托住了市民的“米袋子”“菜篮子”“肉盘子”，另一方面牢牢兜住了农民的“钱袋子”，实现多方共赢。

如今，长沙已建成以院士领衔的农业科研创新试验基地 12 个，落地院士科研成果 18 项、应用技术 22 项，形成专利 3 项。在“院士农业”的加持下，长沙更有底气和信心接住流量，甚至化流量为“留量”，实现经济社会高质量发展。

院士与长沙农业，匹配度几何？

一方“沃土”滋养创新种子茁壮成长

2022 年，长沙正式拉开了“院士农业”的精彩大幕。彼时，外界不无疑惑：为什么是长沙？院士与长沙农业的匹配度几何？

作为快乐之都、时尚之城，2023 年长沙超万亿元的经济总量中，第一产业仅占 3.2%，对 GDP 的贡献并不大。然而，比例不高并非分量不重。千万级人口的旅游大市、“舌尖”城市，再简单的一日三餐也意味着超大规模的农产品供应，须臾离不开现代农业产业托底。正因此，长沙一直是我国重要的粮食生产基地，这在省会城市特别是特大城市中并不多见。

为了扛牢粮食安全政治责任，长沙把科技创新作为稳产保供的重要驱动力。不同于一般的科技赋能，“院士农业”是重用科技利器向“未来农业”进发的前瞻之举，它追求的是更高技术、更高效益与更高质量。事实上，长沙发展“院士农业”可谓优势叠加，尽得天时地利人和。

长沙现代农业本就底子厚、底气足。长沙县、望城区、浏阳市、宁乡市四大产粮大县（市、区），稳稳托起了长沙的“米袋子”；绿茶、油茶、花猪、蔬菜、水产等特色产业多点开花，“菜篮子”“肉盘子”同样装得满满的；农业产业化龙头企业达395家，全链条集群式发展基础坚实。站在这样的高起点上，向上跃升、向新突破便多了可借之力、可倚之势。尤为难得的是，这里“超级大脑”云集，8位杂草防控、柑橘加工、生猪、水产养殖等涉农学科的院士长期深耕于此，再加上本土农业科研院所、高校以及岳麓山实验室等重大科创平台的支撑，足以让长沙端出色香味俱全的“院士一桌菜”。

“科研成果只有走出‘铁皮柜’，落到田间地头才能体现价值。”中国工程院院士、湖南省农业科学院党委书记柏连阳说。“院士农业”真正落地，不只需要院士，创新链、产业链上的各方主体、要素缺一不可。如果将其看作一个平台，它连接起科学家与农民、高校院所与企业等多方主体，将前端的科技、人才要素与中后端的土地、资金要素有机融合，使科技成果就地即时转化，缩短了产业化应用的时间成本。

当然，创新的种子拔节生长，离不开一方“沃土”，更要有“好气候”。长沙出台“院士农业”实施办法（试行），扎扎实实支持院士及其团队与企事业单位建立院士领衔的创新工作站（室），携手开展核心技术科研攻关。

其势已成，其兴可待。犹如一石入水，“院士农业”激起了层层涟漪。

院士智慧，如何融入产业？

问题导向推动科技成果落地转化

有了这帮“院士天团”扎根在长沙这片创新沃土，那么，这些“最强大脑”的非凡智慧，如何深度融入产业？

“‘院士农业’提出之初，走的就是‘专精深’的路子，一个院士专家团队联系指导一个产业，一个产业建设一批应用基地或项目。”长沙市副市长周春晖介绍，如此布局，意在通过长期稳定的“连接”，让院士团队潜心研究，企业和农民等经营主体安心投入。

每逢水稻生长关键时节，柏连阳院士都要跑到田间地头。今年夏季湖南高温多雨，他更是放心不下，先后到长沙多个粮食生产“四高”试验基地查看水稻生长情况。粮食生产“四高”试验是首批“院士农业”项目之一，到现在已经陆续建设了5个千亩核心片、13个万亩综合试验区，由柏连阳院士领衔探索双季稻绿色丰产技术模式。

“过去部分耕地存在重金属污染问题，我们通过选用镉低积累水稻品种、病虫草害综合绿色防控等技术，实现了化学农药和肥料的‘双减’，改善了应用区稻田和土壤生态环境，提升了稻田的生产力水平。”柏连阳院士介绍。经过两年多实践，一套以“培地扩容、激光平田、因地选种、依茬搭配、机械密植、变量施肥、生防优先、梯级控害”为核心的水稻丰产增效技术体系逐步集成，推广应用到全市100余万亩稻田。

“我们联合柏连阳院士开展的粮食生产‘四高’试验，邀请印遇龙院士为宁乡花猪等地方猪种问诊、邹学校院士为辣椒等蔬菜产业把脉、刘少军院士为水产养殖开方……”在长沙市农业农村局局长戴建文看来，“一对一”的精准对接，变“大海捞针”为“定位撒网”，院士团队可根据每个产业所处发展阶段以及面临的难题“对症下药”，更具针对性、实用性。

当湖南楚沩香农牧股份有限公司董事长曾青华踌躇满志，准备在生猪产业大展拳脚之时，一头“拦路虎”横亘眼前。“宁乡花猪是地方特色猪种，本以为它们抗病能力、环境适应性强，结果真正养了才发现太娇贵，吃得多、长得慢，而且疝气发病率达5%～10%，严重影响养殖效益。"曾青华很苦恼。

印遇龙院士团队在楚沩香设立科研基地后，立即着手开展"宁乡猪基因组血缘关系鉴定""生长育肥阶段的营养需求研究""宁乡猪新品种研发和利用"等研究攻关，摸清了花猪的群体血缘数量，解决了遗传病问题。团队根据花猪生长发育的特性规律，为其量身定制精准营养饲料，如此一来养殖一头花猪的成本降低了近300元。

创新的"火花"一经点燃，便成燎原之势。品种选育、技术集成，依托这条创新链，新质生产力深度注入产业链，催生更多新业态，增加了农产品的附加值。刘仲华院士领衔的茶叶专家服务团，提升长沙茶叶深加工工艺，将"长沙绿茶"品牌擦得更亮，综合产值超80亿元。且看长沙街头，一芽一叶正掀起茶饮新消费的强劲旋风。

"院士团队的成果一般都是非常领先、具有产业发展前瞻性的。"长沙市农业技术推广中心副主任王少希认为，让每个产业应用一批先进适用成果，除了院士团队引领试验，配套的"地推"服务也要跟得上。长沙推动每个产业组建"1名院士为首席专家+1个院士专家服务团队+若干农业科技推广员"的创新团队，成果直接下沉到产业一线、农户地头。

任何科技创新都需要时间的累积与发酵。"院士农业"模式下，科技成果转化速度之快着实令人惊讶。两年多来，粮食大面积均衡增产、饲料粮减量替代、蔬菜稀植高效栽培技术等一批新技术、新模式成功转化落地、推广应用，农业生产力得到了进一步提升。

"院士+农业"，加出了什么？
科技赋能激活乡村全面振兴引擎

"院士农业"，只是院士与农业的简单相加吗？事实上，"院士农业"带来的链式反应和蝶变效应是全方位的，"院士农业"不仅为农业科技成果转化提供了广阔平台，还是促进产业兴旺、农民增收的创新之举，成为长沙提速创建乡村振兴示范市的重要推动力。

直观地看，院士赋能加出了农业的高效益。辣椒是湖南人餐桌上的常客，"葛家鸡肠子辣椒"在长沙颇有名气。邹学校院士团队与浏阳市红秀农业科技有限公司共建工作室，选育出5个具有鸡肠子辣椒特征特性的新品种。较传统品种，这些新品种的产量、品质及抗性、纯度均有提升，亩产增加400斤，能达到1800斤，产值超1.8万元。

其实，过去单个院士团队与企业、基地"点对点"开展科研合作、推广应用并不新鲜，"院士农业"闪光之处恰恰在于，更注重产业发展的系统性、技术的集成性。宁乡田园牧歌稻渔基地近年来试验的"双季稻养鱼"就颇有意思。一方田地里，水稻品种来自湖南省农业科学院水稻研究所，水稻间游动的鱼出自刘少军院士科研团队之手，田间杂草治理则是使用的柏连阳院士团队技术。当然，这样的"混搭"也意味着，在稻鱼品种耦合、综合种养技术等各方面要花更多心思，探索出的"一站式"综合解决方案自然更具推广价值。

产业发展，最终都要落到农民增产增收上来。浏阳市沙市镇河背村种粮大户邓健加，快人一步尝到了科技增收的甜头。去年，乘着科技的东风，他一举夺下"长沙市单产冠军"荣誉，"有柏连阳院士团队的定期生产指导，再加上选种了优质高产的新品种，我对今年水稻丰产丰收也有信心!”数据显示,“院士农业”每年带动全市农业经营主体增收约1亿元。

以“院士农业”为“支点”,可能撬动的改变也不限于农业产业。“我们期待依托院士及其团队、相关高校和科研院所,培育一批科技支撑人才,催生一批新型农业经营主体,培养一批乡村人才队伍,以科技之力激活乡村全面振兴引擎。”长沙市农业农村局科技教育处副处长厉占国说。

“风物长宜放眼量。”立足长江中游地区重要中心城市、长江经济带重要节点城市,长沙拥有的区位优势、科研实力,让“院士农业”的引领作用超越一地一域,辐射湖南全省甚至全国。反过来说,长沙要攻克的现代农业产业发展难关,未尝不是其他地方的棘手难题。就像宁乡花猪的养殖“近忧”破解后,地方猪产业发展仍有“远虑”:我国拥有大量独有的地方品种资源,但当前进口瘦肉型猪种占据着国内绝大部分市场。

对此,印遇龙院士有着长远的谋划:“地方猪要在保种的基础上扩大群体数量,同步做好商业利用。我们的策略是挖掘地方猪的关键遗传信息,开发地方猪育种的专用芯片,通过基因组选择和基因编辑技术改良品种,既让老百姓吃得香,又让农民赚着钱。”他的团队正围绕宁乡花猪等地方特色猪种,培育兼具肉质优秀、生长速度快、性能高产、抗逆抗病特性的优质猪新品种或配套系,做大做强地方猪产业。

“院士农业”引领下的创新成果,育于长沙,走向全国。在浏阳乌龙渔场,刘少军院士科研团队繁育推广“合方鲫2号”、抗病草鱼、湘军鳊、杂交翘嘴鲂等新型鱼种苗3亿多尾,它们游出了长沙,游向15个省市的广阔天地。这是饕餮的口福,又何尝不是对农民的利好?

山水洲城,创意无限。长沙,这座古老而又年轻的城市,充盈着浓厚的创新氛围,涌动着蓬勃的创新活力。“院士农业”一招妙棋,还将给长沙带来多少突破与惊喜?未来,时间也许会给出答案。

(王艳,余瑶,梁嘉伟《农民日报》,2024年12月06日头版报道)

附录三 长沙粮食“四高”历年大事记

2022年大事记

1. 2月23日，长沙召开市委农村工作会议，明确提出“打造3个高标准、高技术、高产量、高品质的粮食生产‘四高’试验示范区。

2. 3月11日，专家组成员赵正洪带队指导高标准农田提质改造和早稻育秧等工作，针对高产栽培施肥等提出指导意见。

3. 3月23日，长沙市农业农村局党组书记、局长戴建文带队到长沙县春华镇考察调研粮食生产“四高”试验示范创建工作。

4. 4月2日，长沙市农业技术推广中心技术服务组前往浏阳市“四高”试验示范创建点开展技术指导。

5. 4月7日，专家组成员赵正洪等深入长沙县春华镇“四高”示范点进行抛栽前现场指导。

6. 4月11日，专家组成员唐启源前往“四高”试验示范浏阳市北盛镇指导春耕工作。

7. 4月12日，长沙市首批院士农业项目暨粮食生产“四高”综合示范区启动仪式在长沙县春华镇举行，“柏连阳院士团队工作室”挂牌成立。

8. 4月14日，长沙市农业技术推广中心技术服务组前往“四高”浏阳市示范点调研指导春耕工作。

9. 4月27日，专家组成员唐启源等深入浏阳“四高”试验示范区指导田间管理。

10. 4月28日，专家组成员方宝华等深入粮食生产“四高”试验示范区宁乡圆湖农机服务专业合作社开展调研和技术指导。

11. 专家组成员唐启源深入长沙县粮食生产“四高”试验示范点开展调研和技术指导。

12. 5月6日，湖南省政协副主席、工商联主席张健到浏阳市“四高”试验示范点调研。

13. 6月1日，长沙市农业农村局党组书记、局长戴建文考察浏阳市北盛镇亚洲湖村粮食生产“四高”试验示范区。

14. 6月6日，专家组成员唐启源教授深入亚洲湖村粮食生产“四高”试验示范区进行技术指导。

15. 6月13日，专家组成员唐启源在北盛镇开展晚稻有序机抛“三控”育秧技术培训。

16. 6月19日，专家组成员柏连阳、赵正洪到长沙县春华镇“四高”基地就早稻熟期管理技术进行指导。

17. 6月22日，专家组成员方宝华来宁乡“四高”试验示范区调研穗粒数，并指导晚稻育种。

18. 6月27日，农业农村部种植业管理司司长潘文博一行深入粮食生产“四高”试验示范片进行现场考察。

19. 7月5日，农业农村部种植业管理司粮食处副处长陈明全等考察长沙市粮食生产“四高”综合试验示范区长沙县春华镇示范区早稻生产情况。

20. 7月11日，长沙市粮食生产“四高”试验示范区早稻测产活动在长沙县举行，经测定，示范区平均亩产达623.7公斤/亩；浏阳示范区、宁乡示范区也同步开展测产。

21. 7月19日，时任长沙市副市长邹特等前往宁乡市粮食生产“四高”试验示范区调研。

22. 7月22日，专家组成员唐启源来到浏阳“四高”试验示范区开展技术指导。

23. 9月28日，2022年长沙市粮食生产“四高”试验示范技术推广专题培训班开班，柏连阳院士专家团队为学员授课。

24. 9月30日，专家组成员唐启源到浏阳“四高”试验示范区指导晚稻后期生产管理。

25. 10月20日，长沙市粮食生产“四高”试验示范区双季晚稻测产在长沙县春华镇龙王庙村举行，随机抽取3个田块实割实测，亩产652.1公斤，高于去年晚稻产量124.1公斤，同比增长23.5%。

26. 10月26日，长沙市粮食生产“四高”试验示范区双季晚稻测产工作在宁乡市金洲镇开展，实测亩产达到586公斤，高于同一经营主体去年晚稻产量（442公斤）144公斤，同比增长32.57%。

27. 11月14日，长沙市农业农村局组织召开全市粮食生产“四高”试验示范项目评议会议。

28. 12月14日，长沙市政府组织召开全市粮食生产“四高”试验2022年度总结暨2023年度试验示范工作部署会议，部署2023年粮食生产“四高”试验示范工作。

2023 年大事记

1. 1 月 10 日，市农业农村局印发《2023 年长沙市粮食生产“四高”试验示范工作方案》。

2. 2 月 1 日，长沙市粮食生产“四高”试验示范工作技术方案专家评审会召开，研讨各项目区的工作方案和技术方案。

3. 2 月 7 日，市农业农村局党组书记、局长戴建文带队调研长沙县粮食生产“四高”试验示范片和高标准农田建设工作。

4. 2 月 22 日，市农业农村局主办，市农业技术推广中心承办的 2023 年粮食生产“四高”试验示范专题培训班分别在浏阳市沙市东门村培训基地和宁乡大成桥镇湘都培训基地开班。

5. 3 月 1 日，时任长沙市政府副市长邹特，市农业农村局党组书记、局长戴建文前往长沙县调研“四高”项目区高标准农田建设。

6. 3 月 11 日，专家组成员柏连阳、张玉烛、王立峰深入浏阳市北盛镇亚洲湖村、燕舞洲村，沙市镇河背村调研育秧大棚、高标准农田建设情况。

7. 3 月 17 日，专家组成员柏连阳、袁定阳、彭选明、张玉烛、赵炳然、方宝华等深入望城区高塘岭街道享民、广源、万利合作社，宁乡市回龙铺镇科畅、金洲镇圆湖合作社等“四高”试验示范区实地察看早稻育秧、高标准农田建设情况并现场技术指导。

8. 4 月 26 日，市农业农村局主持召开调度会，专题研究粮食生产“四高”试验示范工作。

9. 5 月 6 日，市“四高”办邀请院士专家团队为“四高”试验示范区各千亩核心示范片和万亩综合试验区把脉巡诊，提出相应技术指导意见。

10. 6 月 20 日，市农业农村局组织召开粮食生产“四高”试验示范工作推进会。

11. 6 月 27 日，专家组成员柏连阳等到长沙县、望城区、宁乡市“四高”试验示范基地和省粮食生产万亩示范区及农调点现场指导。

12. 7 月 2 日，省委农办主任、省农业农村厅党组书记王建球率队调研长沙粮食生产工作。

13. 7 月 7 日，市农业农村局印发《2023 年长沙市粮食生产“四高”试验示范区早稻现场测产工作方案》，早稻测产大幕正式开启。

14. 7 月 11 日，市农业农村局印发《2023 年长沙市粮食生产“四高”试验示范考核办法》。

15. 7 月 13 至 15 日，全市“四高”试验示范陆续完成早稻测产，千亩核心示范片浏阳市、长沙县、宁乡市、望城区亩产分别达到 654.8kg、653.75kg、636.3kg、637.6kg，亩产均突破 630kg，全市千亩核心示范片平均亩产高达 645.6kg。

16. 7月14日，市农业农村局、市财政局联合印发《2023年长沙市粮食生产“四高”试验示范专项资金使用方案》。

17. 7月22日，中国工程院院士罗锡文、柏连阳一行到浏阳市北盛镇调研长沙粮食生产“四高”试验示范基地建设。

18. 7月27日，省委副书记、省长毛伟明来到浏阳沙市镇河背村省级粮食生产万亩综合示范片暨粮食生产“四高”试验示范区开展调研。

19. 8月30日，柏连阳院士专家团队在4个区县（市）千亩核心示范片、万亩综合试验区，逐乡镇逐片区深入田间巡查问诊、分类指导。

20. 9月12日，市农业农村局印发《2023年长沙市粮食生产“四高”试验示范区晚稻高产竞赛实施方案》。

21. 10月20日，市农业农村局印发《长沙市粮食生产“四高”试验示范区晚稻测产工作方案》，晚稻测产工作全面开始。

22. 10月21日，市农业农村局印发《长沙市粮食生产“四高”试验示范区晚稻高产竞赛测产工作方案》，高产竞赛工作全面准备就绪

23. 10月23至24日，全市粮食生产“四高”试验示范区晚稻测产工作全面铺开，经现场实收实测，全市“四高”千亩核心示范片晚稻平均亩产652.92公斤。

24. 10月31日，全市粮食生产“四高”试验示范区晚稻高产竞赛在浏阳市、长沙县、宁乡市、望城区进行交叉测产，浏阳市沙市镇河背村邓见加种植的Y两优911测得亩产722.11kg，夺得全市晚稻高产竞赛冠军。

25. 12月14日，市“四高”办邀请院士专家团队对长沙市粮食生产“四高”试验示范项目试验报告进行评议。

26. 12月20日，市农业农村局发布《关于2023年长沙市粮食生产“四高”试验示范区晚稻高产竞赛结果的通报》，确定邓见加为全市2023年粮食生产“四高”试验示范高产冠军，朱兴仁等12个主体为长沙市粮食生产“四高”试验示范标兵，黎细伟等28个主体为长沙市粮食生产“四高”试验示范先进。

2024年大事记

1. 1月16日，《2023年长沙市粮食生产“四高”试验示范双季稻丰产增效技术应用研究报告》定稿，在长沙市农业农村微信公众号上发布。

2. 1月19日，召开全市粮食生产“四高”试验示范专题座谈会，明确2024年粮食生产“四高”试验示范工作方案和工作思路。

3. 1月31日，印发《2024年长沙市粮食生产“四高”试验示范工作方案》。

4. 2月6日，《长沙粮食生产双季稻丰产增效技术》入选2024年湖南省农业主推技术。

5. 2月28日，长沙市2024年粮食生产“四高”试验示范工作推进会召开，各区县交流2023年粮食生产“四高”试验示范成果，对2023年高产竞赛优秀获得者进行表彰，部署2024年“四高”工作。

6. 3月5日至18日，2024年粮食生产“四高”试验示范专题培训班分别在湘江新区、长沙县、望城区、浏阳市、宁乡市开班。

7. 3月20日，时任农业农村部总经济师魏百刚一行前往浏阳调研春耕生产，充分肯定长沙在粮食生产方面所作的努力和贡献，并与种植大户深入交流，调研农业生产中存在的困难和问题。

8. 3月20日，专家组成员柏连阳率团队深入浏阳洞阳镇及长沙县春华镇、青山铺等“四高”基地，察看种植大户育秧情况，了解春耕生产进度。

9. 3月22日，专家组成员柏连阳前往宁乡、望城调研指导早稻生产，对后期秧田管理和低隔品种搭配提出技术指导意见。

10. 4月2日，专家组成员柏连阳深入长沙县春华镇、青山铺镇以及浏阳洞阳镇、淳口镇、北盛镇，指导“四高”基地农户做好秧田期病害防控、大田移栽准备，确保不误农时。

11. 4月2日，湖南省农业农村厅党组成员、副厅长龚昕一行来到浏阳洞阳镇调研春耕生产。

12. 4月15日，专家组成员柏连阳深入浏阳市洞阳镇、淳口镇、北盛镇走访指导“四高”基地，就科学用药、生防优先等技术措施进行实地指导，并督促区县乡镇技术人员切实将“四高”技术落实到位。

13. 3月—5月，市农业技术推广中心“四高”专班邀请专家前往四高各试验示范区进行督导服务，督促各示范主体及时追肥，做好一代二化螟防控、防控福寿螺等措施。

14. 5月12日至14日，专家组成员柏连阳走访指导“四高”基地，深入望城区高塘岭街道月圆村、靖港镇复胜村，浏阳市洞阳镇、北盛镇，宁乡市双江口镇双青村、金洲镇箭楼村指导粮食生产“四高”试验示范区分类施策做好早稻田间管理。

15. 6月21日，长沙市农业技术推广中心组织开展粮食生产“四高”试验示范现场考察参观交流学习活动。

16. 6月—7月，市“四高”专班服务团队深入粮食生产“四高”试验示范基地，现场查看洪涝灾害对早稻的影响及灾后恢复情况，开展田间调查，指导农户科学应对、全力止损。

17. 7月9日，印发《长沙市粮食生产“四高”试验示范区早稻现场测产工作方案》。

18. 7月11日至14日，全市“四高”试验示范陆续完成早稻测产，千亩核心示范片平均亩产为631.74kg，万亩综合试验区平均亩产为571.57kg。

19. 7月16日至20日，长沙市粮食生产“四高”试验示范在湘江新区、长沙县、望城区、浏阳市、宁乡市开展高产竞赛测产活动。

20. 8月，长沙市粮食生产“四高”技术服务组，邀请专家前往各示范基地指导，督促农户及时排水晒田，依苗情施穗肥并管好水肥，密切关注稻飞虱等病虫害并防控，特别留意丘陵山区稻瘟病易感品种，督促各区县做好“一喷多促”，夯实秋粮丰收基础。

21. 9月29日，长沙市农业农村局党组书记、局长戴建文带队前往长沙县春华镇，现场指导水稻品种适应性试验。

22. 10月9日，省委副书记、省长毛伟明专题调研长沙粮食生产工作，对粮食生产“四高”试验示范工作给予了高度肯定，要求坚持良种、良田、良机、良法紧密融合，发挥好基地的示范引领作用，带动更多农民利用现代化、智能化手段多种粮、多产粮、种好粮，不断提高农民种粮积极性，持续促进粮食增产、农业增效、农民增收。

23. 10月18日，印发《长沙市粮食生产“四高”试验示范区晚稻现场测产工作方案》。

24. 10月23日，长沙市粮食生产“四高”试验示范区迎来晚稻测产，主会场设在宁乡市金洲镇箭楼村，中国科学院院士、崖州湾国家重点实验室副主任钱前在测产现场接受媒体采访，并高度肯定长沙市粮食生产“四高”试验示范工作。同日，长沙县春华镇、望城区靖港镇、浏阳市沙市镇、湘江新区含浦街道4个分会场同步测产。

25. 10月25日、30日，长沙市粮食生产“四高”试验示范区晚稻高产竞赛测产活动分别在湘江新区、浏阳市、长沙县、宁乡市、望城区交叉举行。

26. 11月27日，农业农村部种植业管理司《种植业快报》主要粮油作物大面积提单产行动专刊第31期刊登长沙四高《执粮食生产“四高”试验示范之笔　绘“星城”粮仓大面积单产提升之卷》的专题报道。

27. 12月，总结形成《2024年长沙市粮食生产“四高”试验示范工作总结》《2024年长沙市粮食生产“四高”试验示范双季稻丰产增效技术应用研究》。